硅微机械振动陀螺

GUI WEIJIXIE ZHENDONG TUOLUO

王宏伟◎著

吉林大学出版社
JILIN UNIVERSITY PRESS

·长春·

图书在版编目（CIP）数据

硅微机械振动陀螺 / 王宏伟著. —长春：吉林大
学出版社，2022.1
ISBN 978-7-5692-9121-6

Ⅰ.①硅… Ⅱ.①王… Ⅲ.①振动陀螺仪 Ⅳ.
①TN965

中国版本图书馆CIP数据核字（2021）第210792号

书　　名　硅微机械振动陀螺
　　　　　　GUI WEIJIXIE ZHENDONG TUOLUO

作　　者　王宏伟　著
策划编辑　云　宇
责任编辑　樊俊恒
责任校对　田茂生
装帧设计　中尚图
出版发行　吉林大学出版社
社　　址　长春市人民大街4059号
邮政编码　130021
发行电话　0431-89580028/29/21
网　　址　http://www.jlup.com.cn
电子邮箱　jdcbs@jlu.edu.cn
印　　刷　天津中印联印务有限公司
开　　本　710mm×1000mm　1/16
印　　张　11
字　　数　182千字
版　　次　2022年1月　第1版
印　　次　2022年1月　第1次
书　　号　ISBN 978-7-5692-9121-6
定　　价　68.00元

前　　言

本书介绍了研制一种全新的硅微机械陀螺的过程。该陀螺具有设计新颖、结构简单、质量轻、成本低等优点，适用于敏感旋转载体的偏航或俯仰角速率。例如，用于各种口径、旋转速率在 10～25 Hz 范围的火箭弹姿态控制和高速旋转炮弹的姿态控制。

（1）从理论上较全面深入地研究了该硅微机械陀螺的动力学行为，论证了该陀螺的敏感元件结构和封装结构、微机械加工和封装工艺流程，以及电容-电压变换和信号放大电路，并进行了敏感元件和电路的制作，最后完成了包含测试电路的硅微机械陀螺整体制作和测试。

（2）应用陀螺力学理论推导给出了该硅微机械陀螺的数学模型，为旋转体用硅机械陀螺的研制提供了理论依据。用弹性力学理论分析求解了硅振动元件弹性梁的扭转刚度，用流体动力学理论求解了硅振动元件振动的阻尼系数。结合陀螺敏感元件结构，推导给出了电桥输出电压与摆角的关系，进而求得陀螺的灵敏度。

（3）对硅振动元件所受的静电力矩进行了计算，得到和弹性力矩相比静电力很小的结果。对陀螺温度性能进行了计算，得到温度变化引起该陀螺性能变化主要取决于信号处理电路的温度性能的结论。

（4）在硅腐蚀工艺中，选用腐蚀温度为 104 ℃的 KOH 溶液进行硅腐蚀，收到了快速腐蚀的良好效果。针对该陀螺敏感元件结构，在加工硅振动元件的工艺中，把整个加工过程分为两个阶段来进行（即 4 in（10.16 cm）硅片的腐蚀和硅振动元件分离单元的腐蚀），从而简化了工艺难度。

（5）设计和分析了信号提取电路，得到在 10～25 Hz 频率范围内放大倍数等于 47，相位差在 5.5°～8°范围内的信号处理电路。

（6）对研制得到的陀螺样机进行了常温性能测试，在旋转载体的旋转速率为 12 Hz 时，该陀螺的零位漂移在 20 min 内为 0.04 °/s，测量范围为 275 °/s，比例系数为 28.16 mV/ [(°) · s⁻¹]，非线性度为 2.4%FS。

王宏伟

2021 年 9 月 25 日

— 2 —

目　录

第一章 综 述

陀螺是用来测量运动物体的方位和转动角速度的传感器，它是惯性传感器中一个重要的类别，它和加速度计构成的惯性测量单元可以测量运动物体的运动状态。

20世纪50年代以前出现了第一代陀螺仪，即框架式陀螺，接着是浮子陀螺、动调陀螺、激光陀螺、光纤陀螺等。无论是机械陀螺，还是激光、光纤陀螺，它们都是利用精密加工技术制造的零件，经过精密装配、调试、检测而成，加工装配费工费时，并且体积大、质量大、功率大、成本高，从而限制了这些陀螺的推广应用。20世纪80年代末、90年代初，硅微机械陀螺的出现立即引起惯性技术界的高度关注，它正好弥补了上述陀螺的不足。

在过去的四十多年中，IC（集成电路）的工艺技术一直发展很快。硅工艺技术的不断提高，使得器件的尺寸越来越小，集成电路的集成度得到空前的提高，形成了强大、完善的微电子产业。得益于集成电路工艺技术的进步，人们开始借助IC加工技术制作能完成特定功能的微型机械结构，如微型传感器、微型执行器等，于是一个新兴的技术领域——微机械技术，迅速发展起来。

最早的微机械技术产生于20世纪70年代，它用来制作压阻式压力传感器，把硅材料腐蚀后制作成膜片，利用静电键合来实现芯片与玻璃底座间的封接。由于这种技术在固态压力传感器的产业化上取得了巨大的成功,因而受到高度重视。1982 年 Peterson 发表了一篇关于硅材料的综述文章[1],使人们进一步认识到利用硅材料进行微机械加工的重要意义。从 20 世纪 80 年代开始,欧美国家及日本等纷纷展开了微机械技术的研究。

早期的开发工作主要集中于使用硅工艺,并成功地开发了一系列微机械器件,例如压力传感器和喷墨打印机的喷嘴。精确地说,它们只是一种器件,而不是 MEMS (micro-electro-mechanical system)。更完善、更完整意义上的 MEMS 是指集微传感、微执行和信号处理于一体的微型机电系统。它的进展相对较慢,因为它的制造过程比较复杂。

MEMS 技术是一种典型的多学科交叉的前沿性研究领域,它几乎涉及自然及工程科学的所有领域,如电子技术、机械技术、物理学、化学、生物医学、材料科学、能源科学等。[2]随着 MEMS 尺寸的缩小,有些宏观的物理特性发生了改变,很多原来的理论基础都会发生变化,如力的尺寸效应、微结构的表面效应、微观摩擦机理等等。另一方面,为了制作各种MEMS 系统,需要开发许多新的微加工工艺、微装配工艺、微系统的测量等技术。

1.1 MEMS 概述

1.1.1 MEMS 加工技术

MEMS 加工技术主要有三种。第一种是日本的精密加工;第二种是以美国为代表的利用化学腐蚀或集成电路工艺技术对硅材料进行加工,形成硅基 MEMS 器件;第三种是由德国开发的 LIGA (LIGA 是德文

Lithograpie——光刻、Galvanoformung——电铸和 Abformung——塑铸三个词的缩写)技术。其中第二种方法与传统 IC 工艺兼容,可以实现微机械和微电子的系统集成,而且该方法适合于批量生产,已经成为目前 MEMS 的主流技术。由于利用 LIGA 技术可以加工各种金属、塑料和陶瓷等材料,而且利用该技术可以得到高深宽比的精细结构,它的加工深度可以达到几百微米,因此 LIGA 技术也是一种比较重要的 MEMS 加工技术。目前微机械加工的能力还非常有限,远不及传统的机械加工技术,因为由平面掩膜生成的三维结构无法实现那些由分体加工和组装完成的复杂结构,所以虽然好多微机械技术都冠以三维加工技术,但没有一种技术是真正三维的。

硅微机械加工工艺有很多种,传统上将其分为体硅加工(bulk micromachining)工艺和表面硅加工(surface micromachining)工艺两种。体硅加工工艺是直接对体材料(通常是单晶硅基片)进行加工制作出准三维结构,包括各向同性腐蚀、各向异性腐蚀、腐蚀终止控制技术、静电键合等。表面微机械加工工艺的加工对象一般不是体材料本身,而是单晶硅衬底上沉积或生长的薄膜材料,如多晶硅、氮化硅、二氧化硅等。通过对这些薄膜材料的平面加工,堆叠出所需要的微结构。

体硅加工工艺适合于力敏器件的制作,因为由此得到的器件的力学性能比较完美,有利于实现高测量精度。压阻式压力传感器正是在该技术下实现了产业化;另外,体硅加工也适用于惯性器件的制作,如加速度传感器中大质量块的形成,有利于提高检测信号。体加工的缺点是在与 IC 工艺的兼容方面不理想,在信号处理复杂、易受外界干扰从而需要与接口电路集成的场合不占优势。

表面微机械加工最大的优点是与集成电路工艺兼容性好,易于实现微结构与信号处理电路的单片集成,形成规模化生产。利用表面微机械加工工艺可以制作微桥、微腔、微马达和梳状静电驱动式微机械陀螺等，其可动结构的悬空一般采用牺牲层腐蚀释放的方法实现。1982 年美国 U. C. Berkeley 用表面牺牲层技术成功研制出微型静电马达，使 MEMS 进入新纪元[3]，如图 1.1 所示。20 世纪 90 年代由 ADI 公司推出的与信号处理电路单片集成的微加速度传感器 ADXL－50[4]更使人们振奋。

图 1.1　微型静电马达

表面微机械加工的缺点是其较多地受到沉积薄膜材料特性的影响，许多技术上的问题如多晶硅等薄膜材料生长过程中引入的残余应力，牺牲层去除后可动结构与衬底的黏附等，都亟待解决。

由于当前硅微机械加工工艺飞速发展，不断有新的工艺方法出现，许多工艺方法兼具体加工和表面加工的特点，很难给予确切的分类，如 Robert Bosch 公司采用体-表面混合微机械工艺制作的陀螺利用了两者各自的优点，实现了产业化生产。[5]

下面介绍一些主要的单项工艺。

1. 湿法腐蚀

硅的湿法腐蚀分为各向同性腐蚀和各向异性腐蚀。各向同性腐蚀是指对硅的各个晶面的腐蚀速率相等，所用腐蚀液如 HNA（HF、HNO$_3$ 和冰醋酸混合溶液）等；各向异性腐蚀是指对硅的不同晶面腐蚀速率不同的腐蚀技术，它分无机和有机两种腐蚀液，有机腐蚀剂有 EPW 溶液（乙二胺、邻苯二酚和水混合溶液），四甲基氢氧化铵（TMAH）和联氨等，无机腐蚀剂有 KOH、NaOH、LiOH、CsOH 和 NH$_4$OH 等。

各向同性腐蚀液可用于圆孔、针尖等结构的制作，也可利用它对不同浓度掺杂的硅的腐蚀速度不同（只腐蚀重掺杂硅而不腐蚀轻掺杂硅）的性质，通过控制掺杂剖面和自停止腐蚀来实现微机械结构的加工。各向异性腐蚀是 MEMS 工艺中主要的加工工序，通常 {111} 面腐蚀最慢，与 {100} 面的腐蚀速度比可达1∶100；另外，EPW 和 KOH 对浓硼掺杂的硅的腐蚀速率也很慢。因此可以利用各向异性腐蚀和掺杂浓度选择腐蚀的特点将硅片加工成所需的微机械结构。

2. 干法刻蚀

20 世纪 90 年代中期，ICP（电感耦合等离子体）的出现，促进了体硅工艺快速发展，图 1.2 所示为利用 STS 公司生产的 ICP 刻蚀设备刻蚀出的高深宽比的硅槽，可以看出，得到的硅槽的侧壁垂直度相当好。该技术现在已被广泛用于复杂的微机械结构的加工，如加速度计和陀螺等。该方法与化学腐蚀相比可以更精确地控制结构的尺寸，得到的机械结构的厚度也比较大，保证了器件的灵敏度。但采用该方法一般仍需用到与集成电路不完全兼容的键合和减薄工艺。

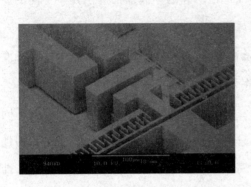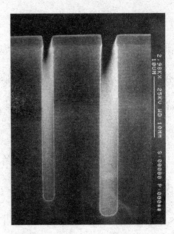

图 1.2　STS 公司生产的 ICP 刻蚀设备所刻出的高深宽比硅槽 SEM 照片

还有一种是反应离子刻蚀（RIE），它是利用低压（$10^{-4} \sim 1$ Torr[①]）放电所产生的离子、电子等组成的部分离化气体及自由原子团与固体表面发生物理、化学作用。

3. 键合

键合是指不利用任何黏合剂，只是通过化学键和物理作用将硅片与硅片、硅片与玻璃或其他材料紧密地结合起来的方法。键合的主要方法有静电键合和热键合两种。

静电键合是由 Wallis 和 Pomerantz 于 1969 年提出的。它是把金属、合金、半导体与玻璃键合在一起。其基本原理是玻璃在一定温度下软化，行为类似电解质，在外加电压下，正离子（Na^+）向阴极漂移，在阳极形成空间电荷区，外加电压落于空间电荷区，玻璃与硅发生化学反应，形成化学键 $Si-O-Si$。

硅片与硅片键合属于热键合，不需要外加电压。它是将硅片表面经过

---

① 　1 Torr ≈ 133.32 Pa

一定的化学处理，使表面形成 OH‾ 键，然后将两个硅片紧密贴合在一起，经高温处理后，硅片之间直接键合在一起。

键合往往与其他手段结合使用，它可以实现"硅‐玻璃"结构的一体化，又可以对微结构进行支撑和保护，实现机械结构之间或机械结构与电路之间的电学连接等。

1.1.2 MEMS 器件和市场情况

由于 MEMS 器件和系统具有体积小、质量轻、功耗低、成本低、可靠性高、性能优异、功能强大、可以批量生产等传统传感器无法比拟的优点，MEMS 在航空、航天、汽车、生物医学、环境监控、军事，以及几乎人们接触到的所有领域中都有着十分广阔的应用前景。MEMS 器件的种类极为繁杂，市场特别分散，全球 MEMS 产品大约有 130 多种[6]，这些产品包括：

（1）微传感器（机械类、磁学类、热学类、化学类和生物学类等）；

（2）微执行器（微马达、微齿轮、微泵、微阀门、微喷射器、微扬声器和微谐振器等）；

（3）微机械光学器件（微镜阵列、微光扫描器、微光阀、微斩光器、微干涉仪、微光开关、微可变焦透镜、微外腔激光器和光编码器等）；

（4）真空微电子器件（场发射显示器和场发射照明器件等）。

MEMS 产业的蓬勃发展在近 10 年，最近的调查报告显示全球有 368 家 MEMS 公司提供 MEMS 器件的生产和销售服务。[7]

图 1.3 是全球生产 MEMS 产品的份额图。[6] 从图中可以看出，大部分 MEMS 公司分布在北美（41%），欧洲占 38%，亚洲占 21%。在欧洲，德国占全球总量的 10%，法国占 6%，英国占 4%，瑞士占 4%，挪威和瑞典

占 6%，比利时、荷兰、卢森堡三国占 5%，其他欧洲国家占 3%。在亚洲，日本占全球总量的 12%，其他亚洲地区，如中国台湾、新加坡、韩国和中国大陆等总共占 9%。不像半导体工业是由少数几家大公司垄断市场，MEMS 产业是由许多中小公司共同享有市场，在 368 家公司当中，几乎有 200 家公司，他们的职员人数在 1～10 人。[6]大部分 MEMS 产品出自美国，其中大约 40% 的微机械加工公司是从 1995 年到 2001 年投资的，在那之后三年内，新投资的公司每年以 10% 的速度增长，到 2001 年 MEMS 产业的员工人数已增加到 1985 年的 30 倍。[8]

　　欧洲 MEMS 产业是全球 MEMS 产业的重要组成部分，由许多中小公司构成，它们生产了种类繁多的微器件和微系统。亚洲 MEMS 产业的发展很快，调查显示，仅中国台湾就有 62 家与 MEMS 有关的公司，这些公司大部分是新成立的，总的投资为 574 000 000 美元。[9]在中国大陆还没有和 MEMS 产业有关的资料被报道。

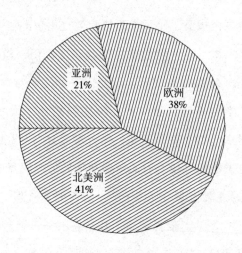

图 1.3　全球 368 家 MEMS 公司的分布

　　虽然目前 MEMS 的市场还比较小，但 MEMS 的长期市场是在稳步发展的。图 1.4 所示为全球范围 MEMS 产品从 1996 年到 2003 年的销售估计情况，图中微流量器件的增加速度最快，压力传感器居于第二，惯性测量器件发展相对比较平稳，整体趋势是逐年增加的。

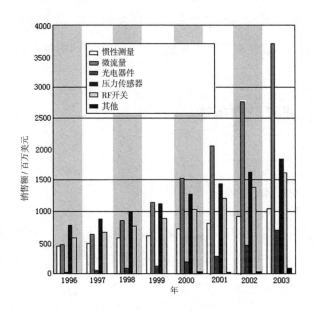

图 1.4　全球 MEMS 市场的销售情况

1.1.3　MEMS 的发展方向

MEMS 器件的延伸是自己能动作的微机器，如微型飞机、微型汽车和微型潜水艇等。它们绝不是日常产品的小型化、微型化缩尺的产物，而是芯片级的集成机械。

微机器的开发，首先需要有适用的微传感器，另外还需要具有与遥控操作系统通信的能力，特别是对那些工作于人体体内的微机器来说，无线通信和遥控能力尤为重要。其次，还需要解决另一个重要的技术难题，就是要保证微机器在空间运动时能获得足够的能量，必须开发合理的、微型化的能源供应装置。如果希望进一步利用微机器的功能，例如清除人体血管中的血液凝块，那么对能源的要求会更多、更高，应达到保证机器正常、可靠运行的水准。

开发实用微机器的道路还很长，也较艰巨，但 MEMS 的研制开发工作和已取得的成果已使微机器的发展有了一个美好的前景。

1.2　微机械陀螺概述

1.2.1　微机械振动陀螺工作原理

通常的微机械陀螺属于振动陀螺，它利用振动质量在载体旋转时所产生的科氏（Coriolis）力来敏感角速度。陀螺中高频振动的机械结构叫驱动部分，其振动模态称为第一模态或主模态；当载体旋转时，科氏力作用引发敏感模态（也叫第二模态或次模态）。振动式陀螺可用图 1.5 所示的简化模型进行分析。图中为有两个振动模式的振动系统，质量 m 沿 X 轴方向驱动，敏感振动沿 Y 轴方向。工作时，激励质量 m 沿 X 轴振动，激励频率为 ω_d，幅度为 A_d，则质量 m 沿 X 轴的振动位移为

$$x = A_d \sin\omega_d t \tag{1.1}$$

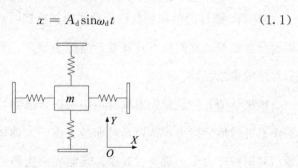

图 1.5　振动式陀螺的模型

如果沿 Z 轴有角速度 Ω 输入，则质量块 m 将在 Y 轴方向受到科氏力的作用：

$$F_c = 2m\dot{x}\Omega \tag{1.2}$$

把式（1.1）代入式（1.2）中得

$$F_c = 2mA_d\omega_d\Omega\cos\omega_d t \tag{1.3}$$

质量 m 在 Y 轴方向运动的微分方程为

$$m\ddot{y} + c_y\dot{y} + k_y y = 2mA_d\omega_d\Omega\cos\omega_d t \tag{1.4}$$

式中：y 为质量 m 沿 Y 轴的振动位移；c_y 为 Y 轴方向振动的阻尼系数；k_y 为 Y 轴方向的刚度系数。

根据式（1.4），质量 m 在 Y 轴方向上的位移为

$$y = A_y\cos(\omega_d t - \delta) \tag{1.5}$$

式中：A_y 为 Y 轴方向的振幅；δ 为相位差。

ω_x 和 ω_y 是质量 m 沿 X 轴和 Y 轴方向的共振圆频率，设 $\zeta_y = \dfrac{c_y}{2m\omega_y}$，则

$$A_y = \frac{2A_d\omega_d\Omega}{\omega_y^2\sqrt{\left(1 - \dfrac{\omega_d^2}{\omega_y^2}\right)^2 + 4\zeta_y^2\dfrac{\omega_d^2}{\omega_y^2}}} \tag{1.6}$$

$$\delta = \tan^{-1}\frac{2\zeta_y\omega_d\omega_y}{\omega_y^2 - \omega_d^2} \tag{1.7}$$

由式（1.6）可以看出，质量 m 沿 Y 轴的振幅和角速度 Ω 成正比，通过测量质量 m 沿 Y 轴的振幅，可以计算得到角速度 Ω 的大小。

如果阻尼比 ζ_y 较小，式（1.6）可以简化为

$$A_y = \frac{2A_d\omega_d\Omega}{\omega_y^2\sqrt{\left(1 - \dfrac{\omega_d^2}{\omega_y^2}\right)^2 + \dfrac{1}{Q_y^2}\dfrac{\omega_d^2}{\omega_y^2}}} \tag{1.8}$$

式中: $Q_y = \dfrac{1}{2\zeta_y}$ ，它是感应振动模式的品质因数。如果感应振动频率 ω_y 与激励频率 ω_d 相等，式（1.8）可简化为

$$A_y = \frac{2A_d\Omega Q_y}{\omega_y} \tag{1.9}$$

由于 Ω 比 ω_y 小得多，为达到较大的输出信号，驱动模态的振幅 A_d 和感应模态的品质因数 Q_y 应尽量大，振动频率 ω_y 应尽量小些。

1.2.2 国外微机械陀螺发展情况

20 世纪 50 年代曾有人提出过研制振动陀螺[10]，并期望用它代替当时的框架式陀螺，但因材料和工艺条件等因素的局限而放弃。随着微机械加工技术的发展，一批微机械传感器如加速度计等面世并开始进入商业领域，人们自然将注意力转向这种具有低成本、高可靠性、可大批量生产的微机械陀螺的研制。[11-13] 20 世纪 90 年代借助日益成熟和商业化的微电子技术和半导体工艺，美、日、德等国陆续研制出了多种硅微机械陀螺，其中美国 Draper 实验室是佼佼者[14]，1984 年它们开始进行基于振荡检测质量的陀螺设计。1989 年 Draper 实验室推出了双框架微谐振陀螺，在此基础上，1992 年它们应用 MEMS 技术，在使用集成电路工业中的硅片光刻和化学刻蚀工艺制作陀螺方面有了突破[15]，1993 年 Draper 公司授权 Rock-well 公司应用该技术进行商业开发，该技术许可证随后又卖给波音公司即现在的 Honeywell 公司，Draper 公司的硅微机械振动陀螺在与它的工业伙伴合作中被继续发展。1993 年它和 Rockwell 实验室开发一种微型梳状谐振音叉陀螺[16-19]，它的有效尺寸为 1 mm，期望性能是 10～100 °/h 和 60 Hz 的宽带。自 1994 年以来，Draper 实验室已生产了 1000 多个 MEMS 陀螺，6 h 漂移由 1994 年 4000 °/h 提高到近期好于 1 °/h。Draper 最近验证

了一个 131.1 cm³ 大小的微惯性测量单元（MIMU），采用了 Darper 先进的混合信号专用集成电路和多芯片模块封装技术，它们更进一步的工作是开发组合 GPS 和微机械传感器的微型组合制导系统。此外美国 Rockwell 公司、Honeywell 公司、SDC（Sundstrand Data Control）公司和 Systron Donner 公司等也在研制微机械陀螺。日本是推进微型机械（micro-machine）研究最为积极的国家之一，已发表了一系列研究报告。[12,13,20-23]

由于微机械陀螺具有体积小、质量轻、功耗小、启动快、成本低、可靠性高，以及易于实现数字化和智能化等优点，在军用领域具有重要应用前景，发达国家投巨资研究微机械陀螺。目前，国外在微机械陀螺领域发表了一系列研究报告，已有产品出售。[24-29] 通过网络查询到的生产微机械陀螺的公司很多，例如 CrossBow 公司开发的 6 自由度 MIMU、BSAC（Berkeley Sensors & Actuators Center）开发的集成在 5 mm×9 mm 微片上的 6 自由度 MIMU、BEI Systron Donner Intertial Division 的 "GyroChip" 系列微机械速率陀螺、Irvine Sensors-Microsensors 公司的硅微机械音叉振动陀螺、韩国三星公司的单轴音叉陀螺、Gyration 公司的 "MicroGyro100" 双轴速率陀螺、Inertial Science 公司的 "RRS75" 的微机械共振速率陀螺、CrossBow 的 "VG" 振动陀螺、日本 MU-RATA 的 "ENV" 系列微机械陶瓷压电振动速率陀螺、Silicon Sensing Systems 公司（由日本 Sumitomo Precision Products 和英国 BAE Systems 组建）的 "CRS" 环形振动陀螺、Watson Industries 公司的 "ARS" 压电型振动陀螺以及 "VSG" 振动壳型压电陶瓷陀螺等，都已成为商品在销售。下面对国外已报道的几种微机械陀螺的工作原理做简单介绍。

1.2.2.1 双框架陀螺

图 1.6 所示是 Draper 实验室研制的第一代微机械陀螺，也是世界上第一个微机械陀螺。[30-35] 它由内框架和外框架组成，相互正交的内、外框架轴均为挠性轴，即绕自身轴向具有低抗扭转刚度而沿其余轴向具有高抗弯刚度。质量固定在内框架上。在外框架两侧各设置一个激振电极，与框架对应表面构成平行板驱动电容器；在内框架两侧各设置一个读取电极，与框架对应表面构成平行板检测电容器。外框架为驱动电极，外框架绕驱动轴（外框轴）振动，使陀螺获得角动量。当有角速度输入时，科氏力形成绕输出轴（内框轴）的力矩，使内框组件（内框架及固连在其上的质量块）绕输出轴做角振动。经电路处理后得到输出电压信号，其大小与输入角速度的大小成正比，方向则由输出电压与驱动电压的相位关系判断。该陀螺在 1 Hz 带宽内的分辨率为 4 °/s。

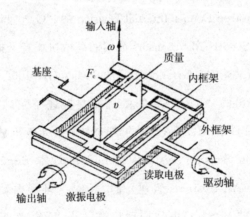

图 1.6 双框架陀螺

Draper 实验室后来对这种框架式陀螺做了一些改进[36]，称为翻转双框架陀螺。后者与前者的不同点在于框架的作用正好相反，即内框架相当于驱动电极，这样构成的驱动电容器的间隙较以前有所增大，可以获得更大的驱动幅度；而外框架构成的敏感电容器的间隙减小，得到了较大的检测灵敏度。这种陀螺比原先的陀螺性能提高了一个数量级。

无论是框架陀螺还是翻转双框架陀螺，它们的振动质量块在上下方向都是不对称的，这种结构虽然不影响陀螺的运动，但很明显对加速度敏感，这是不希望的。

1.2.2.2　静电驱动音叉式陀螺

Draper 实验室于 20 世纪 90 年代初研制的第二代微机械陀螺——梳状叉指静电驱动音叉式陀螺[17-19,37]，也是用硅材料制造的，硅的特性极为稳定[38]，而且用半导体工艺制造的器件能够保持很好的一致性。如图 1.7 所示，带有梳状电极的两块长方形单晶硅平板由挠性支臂与单晶硅底座相连，并被支悬在底座上方。其测量原理与传统的音叉振动陀螺相似，两块结构对称的单晶硅平板相当于音叉的双臂。在梳状电极静电驱动力作用下，两块平板沿驱动轴做相向和相背交替的线振动，当壳体绕输入轴以角速度相对惯性空间转动时，两块平板受到方向始终相反的一对交变的科氏力作用，由此引起两块平板绕输出轴做振动，振幅与输入角速度成正比，由设置在底座上的电容检测。这种陀螺常会有一个与驱动模态密切相关的第三个模态，导致质量块上下运动而不是所期望的水平相向和相背运动，这是由梳状叉指驱动产生悬浮效应导致的。[16]

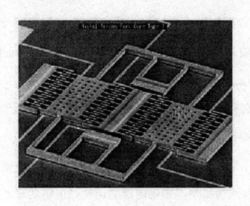

图 1.7　梳状电极静电驱动音叉式陀螺

　　Draper 实验室和 Rockwell 公司、波音公司联合研制的这种陀螺[39-41]，其有效面积在 1 mm² 以内。在 $-40 \sim 85$ ℃（汽车要求的温度范围）时无补偿的偏置为 0.5 °/s，在温度变化 0.5 ℃和 6 h 的漂移测试中，其零位漂移为 10 °/h。

　　后来 Draper 实验室又研制了第三代陀螺——静电驱动转子陀螺[42]，它利用闭环方式进行敏感，其精度好于 0.1 °/s（60 Hz 带宽）。这种转子陀螺只有输入、输出两个模态，不存在影响陀螺性能的第三模态。

1.2.2.3　去耦合角速率陀螺

　　图 1.8 所示是德国人推出的一种旋转振动速率陀螺结构，也称为去耦合角速率仪[38,43]，振动部分的唯一支撑是圆盘中心和衬底的挠性支撑件，轮式梳状电极产生的力矩驱动整个质量绕 z 轴旋转振动。当有沿 y 轴的角速度时，在科氏力的作用下，质量块就沿 x 轴做角振动，质量块左右两边的平板和衬底构成的电容器一个变大另一个变小，通过提取电容器变化信号从而得到输入角速度。这种陀螺的分辨率为 0.008 °/s。

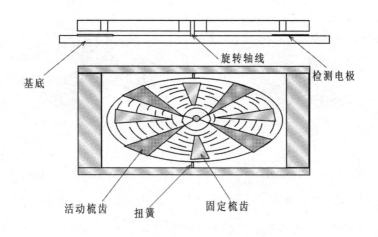

图 1.8 去耦合角速率陀螺

德国 Bosch 公司采用体微机械和表面微机械相结合的加工技术制作成一种独立振梁式陀螺。[44] 由于驱动和敏感之间的耦合很小，所以可以使用较大的驱动振幅，得到较高的灵敏度。该陀螺的驱动振幅可达到 50 μm，远大于一般微机械陀螺几微米的驱动振幅。该陀螺在带宽为 100 Hz 时，分辨率为 0.3 °/s，该陀螺目前已产品化。

1.2.2.4 静电驱动平板电容敏感式陀螺

日本 Yokohama 技术中心和 Murata 机械制造公司于 1995 年报道了梳状叉指静电驱动平板电容敏感式陀螺的研究[20]，如图 1.9 所示。这种结构的振动质量和梳状电极是用多晶硅制作的，谐振器的尺寸为 400 μm × 800 μm，其驱动和敏感的机械品质因数分别为 2800 和 16000，真空压强低于 0.1 Pa。1999 年它们研制了具有独立振梁的梳状叉指静电驱动平板电容敏感式陀螺[21]，如图 1.10 所示。这种陀螺分离了驱动和敏感两种振动，从而大大减弱了两种振动的耦合，在带宽为 10 Hz 时，分辨率达到 0.07 °/s。

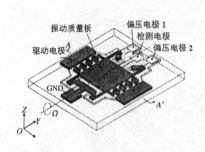

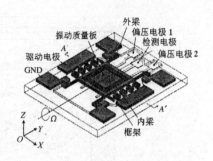

图 1.9　静电驱动电容敏感式陀螺　　　图 1.10　静电驱动电容敏感独立振梁式陀螺

2001 年它们又发表了研究结果[45]，揭示由于工艺加工的不对称，便产生了机械耦合，接着通过调整加在梳状电极上的直流电压的大小达到去耦合的目的，最后，在带宽为 10 Hz 时，分辨率达到 0.0041 °/s。

1.2.2.5　振动环式陀螺

美国 Delco 公司研制成功一种环式陀螺[46-48]，如图 1.11 所示，其组成部分有振环、半圆支撑弹簧和 32 对容性电极。它是用准 LIGA 工艺制造的一个准三维结构，可以使环和弹簧在平面内振动。弹簧固定在环中点的支撑节点上，环中点是整个陀螺结构唯一与衬底相连的地方，加工和封装引起的应力对敏感元件影响很小。位于 0°和 45°的是两对读取电极，位于 180°和 225°是两对驱动电极，位于 67.5°、90°、112.5°和 135°的是四对振动控制电极，其余的电极接地。驱动和敏感电容器均是准平行板式结构。

图 1.11　振动环式陀螺

振环陀螺的工作原理与半球谐振陀螺相似，也是用环的径向驻波振动敏感基座旋转。当激振电极驱动环在平面内谐振时，其形状由原来的圆形变为椭圆形。环上有径向形变的四个点称为波节点，与这四个点相对应的敏感电极的输出信号为零，具有最大径向形变的四个点称为波腹点，它们与波节点成 45°角。假设主模态沿 0°方向振动，当基座的旋转角速度 $\Omega \neq 0$ 时，在科氏力的作用下，次模态沿 45°方向振动，利用其振幅的大小，可测得基座的旋转角速度。当陀螺工作于闭环方式时，其伺服作用不仅能增加带宽，也可以加快信号响应，在 1 Hz 带宽内的精度为 0.5 °/s。

1.2.3 国内微机械陀螺的研究情况

我国开展硅微机械陀螺的研究已有 10 多年的时间，但至今还没有产品问世，和国外相差较大。清华大学、北京大学、复旦大学、东南大学、中国科学技术大学等高校，以及中科院和原航天部、原信息产业部一些研究所等研究单位也在开展硅微机械陀螺的研制。[11,15,49,50]

据报道，中国科学技术大学利用 PZT 压电薄膜研制出测量范围为 150 °/s、灵敏度为 30.8 μV/ [(°)·s^{-1}] 的硅微机械陀螺；复旦大学研制出的"复合振梁－质量块"结构陀螺，其灵敏度为 15 μV/ [(°)·s^{-1}]，后来又做了"矩形梁－质量块"结构陀螺，灵敏度提高 50 多倍。

中国电子科技集团公司第十三研究所研制的微机械陀螺，测量范围为 ± 200 °/s，分辨率为 0.05 °/s，品质因数为 1000。

中科院上海微系统和信息技术研究所研制出一种梳状电极驱动梳状电容敏感式陀螺[51]，由于这种陀螺驱动和敏感振动所受的阻尼都为滑膜阻尼，在空气中有较高的品质因数，所以不需真空封装。它以单晶硅为材料，用深反应离子刻蚀加工而成，可获得较厚的结构，从而增加驱动和敏感电极的界面，提高了陀螺的性能。该陀螺输出比例系数为 20 mV/ [（°）· s^{-1}]，非线性度为 0.56%，测量范围为 ±300 °/s。

微机械陀螺种类繁多，驱动方式有静电驱动方式[49-54]、电磁驱动方式[55-57]和压电驱动方式[58-59]等。检测方式有电容检测[52,60-62]、压电检测[63]、压阻检测[55,58,64]和光电检测[64-66]等。不管哪种方式都有优点，也有缺点，没有一种方式一定比别的方式好，需结合工艺和信号处理等因素综合考虑。

1.3　本书研究内容

传统陀螺由于价格高、体积大、质量重等缺点，已不能满足人们对陀螺用量大的需求，取而代之的是价格低、体积小、质量轻、可批量生产的微机械陀螺。而对于旋转体用陀螺，通常意义上的微机械陀螺又不便使用，在这种情况下，本书提出了旋转载体用硅微机械陀螺的研究。

旋转载体用硅微机械陀螺是一种靠载体旋转驱动的硅微机械陀螺，陀螺敏感元件本身没有驱动部分，只有敏感部分。具体来说，这种陀螺依靠载体的旋转作为驱动，从而敏感载体的偏航或俯仰角速率。

本著作介绍该陀螺工作的物理模型，求解硅振动元件的动力学方程，对方程的解进行分析和简化；计算硅振动元件弹性梁的扭转刚度，求解振动元件振动的阻尼系数，并分析陀螺性能和载体旋转角速率、弹性梁扭转刚度以及阻尼系数的关系；分析了陀螺的温度性能；计算了敏感电容与硅振动元件摆角的关系，以及电桥输出电压与敏感电容变化的关系。

通过分析，结合制作敏感元件的工艺特点，以最佳信号输出为出发点，论证敏感元件的结构参数和设计版图；采用双面光刻技术和"掩膜-

无掩膜”分层腐蚀工艺对硅振动元件进行体加工制作；正确选择极板材料，保证被选材料的热膨胀系数和硅接近；制作硅敏感元件，蒸镀上下极板金属电极，引出电极，充氮封接，得到敏感元件。

论证与分析信号处理电路，用“C-V”变换电桥把从敏感元件中提取的电容变化变换为电压信号，然后经运算放大器对差动信号进行比较放大，再经双运算放大器继续放大并修正相位，输出电压信号；分析电路的幅频特性和相频特性，调整电路元器件，使整个电路在载体旋转的频率范围内进行带通放大。

第二章　静电驱动式硅微机械振动陀螺

2.1　静电驱动式硅微机械振动陀螺动力学方程

硅微机械振动陀螺是用于测量载体绝对角速率的。它包括一悬挂在两弹性框架内的平台、静电驱动和在两个轴上的角度获取电容。图 2.1 是它的原理图。

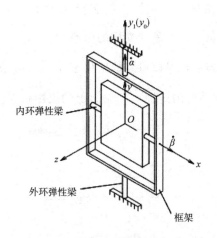

图 2.1　振动陀螺原理图

引入坐标系，如图 2.2 所示，xyz 是与平台固连的坐标系；$x_0 y_0 z_0$ 与框架固连的坐标系；$x_1 y_1 z_1$ 与载体固连的坐标系。

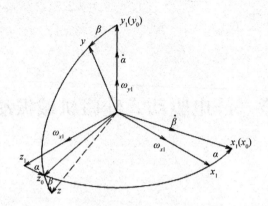

图 2.2　坐标系

载体在绝对空间中以绝对角速度 $\omega\{\omega_{x_1},\omega_{y_1},\omega_{z_1}\}$ 旋转，ω_{z_1} 是欲测量的角速度。

平台相对于载体的位置由角 α 和 β 决定。定义 A，B，C 为平台关于 x，y，z 轴的转动惯量；A_0，B_0，C_0 为框架关于 x_0，y_0，z_0 轴的转动惯量；平台和框架的重心位于悬挂支撑的中点 O。

在图 2.2 的基础上，可以得到框架角速度 ω_{x_0}，ω_{y_0}，ω_{z_0} 的投影量和平台角速度 ω_x，ω_y，ω_z 在平台固定轴 x，y，z 上的投影。

$$\begin{cases} \omega_{x_0} = -\omega_{z_1}\sin\alpha + \omega_{x_1}\cos\alpha, \\ \omega_{y_0} = \dot{\alpha} + \omega_{y_1}, \\ \omega_{z_0} = \omega_{z_1}\cos\alpha + \omega_{x_1}\sin\alpha; \end{cases} \tag{2.1}$$

$$\begin{cases} \omega_x = \dot{\beta} - \omega_{z_1}\sin\alpha + \omega_{x_1}\cos\alpha, \\ \omega_y = (\dot{\alpha} + \omega_{y_1})\cos\beta + (\omega_{z_1}\cos\alpha + \omega_{x_1}\sin\alpha)\sin\beta, \\ \omega_z = (\omega_{z_1}\cos\alpha + \omega_{x_1}\sin\alpha)\cos\beta - (\dot{\alpha} + \omega_{y_1})\sin\beta。 \end{cases} \tag{2.2}$$

对于小角度 α，β 来说，

$$\begin{cases} \omega_{x_0} = -\omega_{z_1}\alpha + \omega_{x_1}, \\ \omega_{y_0} = \dot{\alpha} + \omega_{y_1}, \\ \omega_{z_0} = \omega_{z_1} + \omega_{x_1}\alpha; \end{cases} \tag{2.3}$$

$$\begin{cases} \omega_x = \dot{\beta} - \omega_{z_1}\alpha + \omega_{x_1}, \\ \omega_y = \dot{\alpha} + \omega_{y_1} + \omega_{z_1}\beta + \omega_{x_1}\alpha\beta, \\ \omega_z = \omega_{z_1} + \omega_{x_1}\alpha - \dot{\alpha}\beta - \omega_{y_1}\beta_\circ \end{cases} \tag{2.4}$$

可得平台主角动量 Θ 在 x，y，z 轴上的投影表达式和框架主角动量 Θ^p 在 x_0，y_0，z_0 轴上的投影表达式为

$$\begin{cases} \Theta_x = A\omega_x = A(\dot{\beta} - \omega_{z_1}\alpha + \omega_{x_1}), \\ \Theta_y = B\omega_y = B(\dot{\alpha} + \omega_{y_1} + \omega_{z_1}\beta + \omega_{x_1}\alpha\beta), \\ \Theta_z = C\omega_z = C(\omega_{z_1} + \omega_{x_1}\alpha - \omega_{y_1}\beta - \dot{\alpha}\beta); \end{cases} \tag{2.5}$$

$$\begin{cases} \Theta^p_{x_0} = A_0\omega_{x_0} = A_0(-\omega_{z_1}\alpha + \omega_{x_1}), \\ \Theta^p_{y_0} = B_0\omega_{y_0} = B_0(\dot{\alpha} + \omega_{y_1}), \\ \Theta^p_{z_0} = C_0\omega_{z_0} = C_0(\omega_{z_1} + \omega_{x_1}\alpha)_\circ \end{cases} \tag{2.6}$$

考虑到实际设计中平台的偏转角不超过 $0.1'' \sim 0.2''$，式（2.3）~（2.6）中可以消去含有这些角度乘积的项，可得

$$\begin{cases} \omega_{x_0} = \omega_{x_1}, \\ \omega_{y_0} = \dot{\alpha} + \omega_{y_1}, \\ \omega_{z_0} = \omega_{z_1}; \end{cases} \tag{2.7}$$

$$\begin{cases} \omega_x = \dot{\beta} + \omega_{x_1} - \omega_{z_1}\alpha, \\[2mm] \omega_y = \dot{\alpha} + \omega_{y_1} + \omega_{z_1}\beta, \\[2mm] \omega_z = \omega_{z_1}\, 。 \end{cases} \tag{2.8}$$

因为 α 和 β 变化快，所以式（2.8）中保留了 $\omega_{z_1}\alpha$ 和 $\omega_{z_1}\beta$ 项，下文在式（2.11）中有对 α 和 β 的求导。

$$\begin{cases} \Theta_x = A(\dot{\beta} + \omega_{x_1} - \omega_{z_1}\alpha), \\[2mm] \Theta_y = B(\dot{\alpha} + \omega_{y_1} + \omega_{z_1}\beta), \\[2mm] \Theta_z = C\omega_{z_1}\,; \end{cases} \tag{2.9}$$

$$\begin{cases} \Theta^p_{x_0} = A_0\omega_{x_1}, \\[2mm] \Theta^p_{y_0} = B_0(\dot{\alpha} + \omega_{y_1}), \\[2mm] \Theta^p_{z_0} = C_0\omega_{z_1}\, 。 \end{cases} \tag{2.10}$$

根据欧拉动力学方程写出平台关于内弹性扭转轴 x 轴在 xyz 坐标系内的动力学方程：

$$\frac{\mathrm{d}\Theta_x}{\mathrm{d}t} - \Theta_y\omega_z + \Theta_z\omega_y = M_x \tag{2.11}$$

把式（2.8）、（2.9）代入上式，并考虑 β 很小，得

$$A(\ddot{\beta} + \dot{\omega}_{x_1} - \dot{\alpha}\omega_{z_1} - \alpha\dot{\omega}_{z_1}) - B(\dot{\alpha} + \omega_{y_1})\omega_{z_1} + C\omega_{z_1}(\dot{\alpha} + \omega_{y_1}) = M_x$$

$$\tag{2.12}$$

将 x 轴力矩替换为

$$M_x = M_x^B + M_x^M - D_\beta\dot{\beta} - K_\beta\beta \tag{2.13}$$

式中：M_x^B 为扭转外力矩；M_x^M 为动力矩；$D_\beta\dot{\beta}$ 为阻尼力矩；D_β 为 x 轴阻尼系数；$K_\beta\beta$ 为内弹性支撑梁弹性力矩；K_β 为内扭转支撑梁刚度。从式（2.12）得

$$A\ddot{\beta} + D_\beta\dot{\beta} + K_\beta\beta - (A+B-C)\dot{\alpha}\omega_{z_1}$$

$$= M_x^B + M_x^M + (B-C)\omega_{y_1}\omega_{z_1} - A\dot{\omega}_{x_1} + A\dot{\omega}_{z_1}\alpha \qquad (2.14)$$

基于欧拉动力学方程可得平台在 xyz 坐标系内关于 y 轴的运动方程：

$$\frac{\mathrm{d}\Theta_y}{\mathrm{d}t} - \Theta_z\omega_x + \Theta_x\omega_z = M_y$$

代入式（2.8）、（2.9）可得

$$B(\ddot{\alpha} + \dot{\omega}_{y_1} + \dot{\beta}\omega_{z_1} + \beta\dot{\omega}_{z_1}) - C\omega_{z_1}(\dot{\beta} + \omega_{x_1} - \omega_{z_1}\alpha) +$$

$$A(\dot{\beta} + \omega_{y_1} - \omega_{z_1}\alpha) \cdot \omega_{z_1} = M_y \qquad (2.15)$$

将关于 y 轴的力矩写成如下形式：

$$M_y = M_y^B - D_\alpha\dot{\alpha} + M_y^R \qquad (2.16)$$

式中：M_y^B 为外力矩；

$D_\alpha\dot{\alpha}$ 为作用在平台上的阻尼力矩；

D_α 为阻尼系数；

M_y^R 为框架约束反力矩（内扭转梁弯曲刚度为无限大）。

现可得框架在 x_0，y_0，z_0 坐标系内绕 y_1（y_0）轴的动力学方程：

$$\frac{\mathrm{d}\Theta_{y_1}^p}{\mathrm{d}t} - \Theta_{z_0}^p\omega_{x_0} + \Theta_{x_0}^p\omega_{z_0} = M_{y_1} \qquad (2.17)$$

代入式（2.7）、（2.10）：

$$B_0(\ddot{\alpha} + \dot{\omega}_{y_1}) - C_0\omega_{z_1}\omega_{x_1} + A_0\omega_{x_1}\omega_{z_1} = M_{y_1} \qquad (2.18)$$

整理得作用在外扭转梁上的力矩 M_{y_1} 为

$$M_{y_1} = -K_\alpha\alpha + M_y^M - M_y^R \qquad (2.19)$$

由于 α 和 β 较小，可认为关于 y 轴和 y_1（y_0）轴的约束力矩相等，在式（2.15）、（2.16）、（2.18）、（2.19）的基础上可得

$$(B+B_0)\ddot{\alpha} + D_\alpha\dot{\alpha} + K_\alpha\alpha - (C-B-A)\dot{\beta}\omega_{z_1}$$

$$= M_y^B + M_y^M + (C + C_0 - A - A_0)\omega_{x_1}\omega_{z_1} - (B + B_0)\dot{\omega}_{y_1} - B\dot{\omega}_{z_1}\beta$$

$$(2.20)$$

式（2.14）和（2.20）为所需的振荡振动陀螺的动力学方程。

进一步假设只有一个恒定角速度 $\omega_{z_1} = \Omega$ 的情况下，这样有

$$\omega_{x_1} = \omega_{y_1} = \dot{\omega}_{x_1} = \dot{\omega}_{y_1} = \dot{\omega}_{z_1} = 0$$

那么由式（2.14）和式（2.20），我们得到

$$\begin{cases} A\ddot{\beta} + D_\beta\dot{\beta} + K_\beta\beta - (A + B - C)\dot{\alpha}\Omega = M_x^B + M_x^M, \\ (B + B_0)\ddot{\alpha} + D_\alpha\dot{\alpha} + K_\alpha\alpha + (A + B - C)\dot{\beta}\Omega = M_y^B + M_y^M p. \end{cases} \quad (2.21)$$

我们知道 y_1 轴的主振荡，在沿 x 轴将会激发输出振荡。在这种情况下，初步计算表明，输入轴的振动角速率 $\dot{\alpha}$ 相对于输出轴角速度 $\dot{\beta}$ 要大，相对于惯性力矩 $(A + B - C)\dot{\alpha}\Omega$ 来说，惯性力矩 $(A + B - C)\dot{\beta}\Omega$ 可以忽略不计。

这样，由式（2.21）得到

$$\begin{cases} A\ddot{\beta} + D_\beta\dot{\beta} + K_\beta\beta - (A + B - C)\dot{\alpha}\Omega = M_x^B + M_x^M, \\ (B + B_0)\ddot{\alpha} + D_\alpha\dot{\alpha} + K_\alpha\alpha = M_y^B + M_y^M. \end{cases} \quad (2.22)$$

下面考虑在静电极板上施加正弦动力矩 $M_y^M p = M_y^0 \sin(\omega t)$ 的作用下，沿输出轴 y_1 的稳定振荡。

$$\alpha = \frac{M_y^0}{\sqrt{[(K_\alpha - K_\alpha') - (B + B_0)\omega^2]^2 + (D_\alpha\omega)^2}} \sin(\omega t - \varphi(\omega)) \quad (2.23)$$

式中：

$$\varphi(\omega) = \text{arccot}\left[\frac{D_\alpha\omega}{(K_\alpha - K_\alpha') - (B + B_0)\omega^2}\right] \quad (2.24)$$

这里 K_α' 是关于 y_1 轴悬架的附加负刚度，其刚度被沿着 y_1 轴的静电力矩发生器提供，电压常数 U_0 加在电极上，产生动力矩，如图 2.3 所示。

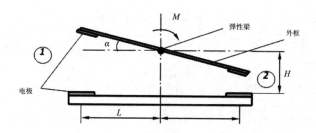

图 2.3　静电驱动

如果提供给两个电极对 1 和 2 具有相同的恒定电压 U_0，那么极板在静电力的作用下瞬间出现扭转，扭矩为

$$M = \frac{\varepsilon S L U_0^2}{(H-\alpha L)^2} - \frac{\varepsilon S L U_0^2}{(H+\alpha L)^2} \tag{2.25}$$

式中：ε 是介电常数；S 是极板面积，其余的名称在图 2.3 中标出。

如果考虑到电容器的极板之间的间隙远比框架的振荡的振幅 αL 大，则

$$\frac{\varepsilon S L U_0^2}{(H-\alpha L)^2} = \frac{\varepsilon S L U_0^2}{H^2 \left(1-\dfrac{\alpha L}{H}\right)^2} \approx \frac{\varepsilon S L U_0^2}{H^2}\left(1+2\,\frac{\alpha L}{H}\right)\,,$$

$$\frac{\varepsilon S L U_0^2}{(H+\alpha L)^2} = \frac{\varepsilon S L U_0^2}{H^2 \left(1+\dfrac{\alpha L}{H}\right)^2} \approx \frac{\varepsilon S L U_0^2}{H^2}\left(1-2\,\frac{\alpha L}{H}\right)$$

上式近似得到

$$M = \frac{\varepsilon S L U_0^2}{(H-\alpha L)^2} - \frac{\varepsilon S L U_0^2}{(H+\alpha L)^2} \approx \frac{4\varepsilon S L^2 U_0^2}{H^3}\alpha \tag{2.26}$$

y_1 轴悬架的附加负刚度为

$$K_\alpha' = -\frac{4\varepsilon S L^2 U_0^2}{H^3} \tag{2.27}$$

上述扭矩发生器的目的是提供有关外框架和内框架轴的共振。

由于受静电力的作用，框架沿 y_1 轴产生振动。

$$\alpha = \alpha_m \sin(\omega_P t - \varphi(\omega)) \qquad (2.28)$$

这时，共振频率为

$$\omega_p = \sqrt{\frac{K_a - K_a'}{B + B_0}}, \qquad \varphi(\omega) = \frac{\pi}{2} \qquad (2.29)$$

通过扭矩发生器 M_Y^H 的相位自动调谐系统的方式提供静电力，通过电容变化测量振荡的振幅 α_m，并自动保持 α_m 恒定。

如果有测量角速率 Ω 绕 z_1 轴，然后在科里奥利惯性的情况下对内框架施加扭力，在内框扭力的作用下，以 ω_p 频率振荡。

在稳定状态下，方程（2.22）（$M_x^B = 0$ 且 $M_x^M = 0$）化简为

$$\beta = -\frac{(A + B - C)\Omega \alpha_m \omega_p}{\sqrt{(K_\beta - A\omega_p)^2 + (D_\beta \omega_p)^2}} \sin(\omega t - \chi(\omega)) \qquad (2.30)$$

或者

$$\beta = -\beta_m \sin(\omega_p t - \chi(\omega)) \qquad (2.31)$$

通过选择负刚度系数 K_a' 达到内外框架共振的振荡模式。这时，我们得到 β 的最大值 β_m，在这种情况下

$$\omega_p = \sqrt{\frac{K_\beta}{A}}, \quad \chi(\omega_p) = \frac{\pi}{2} \qquad (2.32)$$

$$\beta_m = \frac{(A + B - C)\Omega \alpha_m}{D_\beta} \qquad (2.33)$$

内框的振幅正比于角速率 Ω。

至于这个 Ω 测量方法的准确性，取决于共振重合精度、α_m 和阻尼 D_β 的稳定性。为了获得大振幅的 α_m 和 β_m，提高陀螺内部的真空度是权宜之计。在这种情况下，虽然气体动力不会提供阻尼，但材料在 y 轴上产生的内部摩擦有望使系数 D_β 相对稳定性增大。

对于装在内框上的用于拾取角 β 数据的电容传感器，由于它的引入将导致附加的误差。这个缺点可以通过以下方式减少，通过对内框架轴 β 角，

引入了一个反馈系统。它的电容式角度敏感器和静电力矩发生器被安装在该轴上，例如 M_x^{M} ，有

$$M_x^{\mathrm{M}} = - K_{\mathrm{M}}\beta$$

返回到方程（2.22）（$M_x^{\mathrm{B}} = 0$），我们得到：

$$A\ddot{\beta} + D_\beta\dot{\beta} + K_\beta\beta + K_{\mathrm{M}}\beta = (A + B - C)\dot{\alpha}\Omega$$

或者考虑到式（2.28）、（2.29），有

$$A\ddot{\beta} + D_\beta\dot{\beta} + K_\beta\beta + K_{\mathrm{M}}\beta = -(A + B - C)\Omega\omega_{\mathrm{p}}\alpha_{\mathrm{m}}\sin(\omega_{\mathrm{p}}t) \qquad (2.34)$$

令

$$M_0 = (A + B - C)\omega_{\mathrm{p}}\alpha_{\mathrm{m}}\Omega \qquad (2.35)$$

那么对于稳定振荡，从式（2.34）我们得到：

$$\beta = \frac{M_0}{\sqrt{\left[(K_\beta + K_{\mathrm{M}}) - A\omega_{\mathrm{p}}^2\right]^2 + (D_\beta\omega_{\mathrm{p}})^2}}\sin(\omega_{\mathrm{p}}t - \varepsilon(\omega_{\mathrm{p}})), \quad (2.36)$$

式中：

$$\varepsilon(\omega_{\mathrm{p}}) = \arctan\left(\frac{D_\beta\omega_{\mathrm{p}}}{K_\beta + K_{\mathrm{M}} - A\omega_{\mathrm{p}}^2}\right). \qquad (2.37)$$

如果输入和输出轴频率产生共振（不考虑额外的反馈），也就是

$$\omega_{\mathrm{p}} = \sqrt{\frac{K_\beta}{A}},$$

那么，

$$\beta = \frac{M_0}{\sqrt{K_{\mathrm{M}}^2 + (D_\beta\omega_{\mathrm{p}})^2}}\sin(\omega_{\mathrm{p}}t - \varepsilon(\omega_{\mathrm{p}})), \qquad (2.38)$$

$$\varepsilon(\omega_{\mathrm{p}}) = \arctan\left(\frac{D_\beta\omega_{\mathrm{p}}}{K_{\mathrm{M}}}\right). \qquad (2.39)$$

可以选择 K_{M}，以便使 D_β 的不稳定不会影响设备的精度，这样，

$$K_{\mathrm{M}} \gg D_\beta\omega_{\mathrm{p}}$$

我们可以通过提供高真空和在输出轴扭矩发生器的极板之间的大间

隙，从而大幅度降低阻尼因子 D_β，如果这些条件得到满足，在式（2.38）和（2.39）中，K_M，$D_\beta\omega_p$ 就可以忽略。

$$\beta = \frac{M_0}{K_M}\sin(\omega_p t)\ ,\quad \varepsilon\ (\omega_p) \to 0 \tag{2.40}$$

或者

$$M_x^M = -K_M\beta = -M_0\sin(\omega_p t) \tag{2.41}$$

M_x^M 是静电力矩发生器在输出轴产生的转矩，它通过角度 β 负反馈形成：

$$M_x^M = -K_{XM}U_1 \tag{2.42}$$

式中：U_1 提供到沿输出轴 x 方向上产生静电力的力矩发生器上的电压，K_{xM} 是沿 x 轴施加电压产生的扭矩转换因子。

如果电压 U_1 是陀螺的输出参数，那么转矩 M_0 的测量精度会增加，因为在 U_1 的表达式中，没有关于 x 轴的电容转换因子。

M_x^M 的线性化依赖于施加的电压 U_1，我们写出 M_x^M 的表达式：

$$M_x^M = -\frac{\varepsilon SL}{H^2}\left[(U_0+U_1)^2 - (U_0-U_1)^2\right] \tag{2.43}$$

式中：U_0 是恒定电压，加到相对于 x 轴的转矩发生器的电极板不同的板侧面上；U_1 也加在两个极板上，但电压符号相反；ε 是介电常数；S，L，H 是结构参数，如图 2.3 所示。化简式（2.43），我们得到

$$M_x^M = -\frac{4\varepsilon SLU_0 U_1}{H^2} \tag{2.44}$$

比较式（2.44）和（2.42），我们得到转矩发生器转换因子 K_{xM} 的表达式：

$$K_{xM} = \frac{4\varepsilon SLU_0}{H^2} \tag{2.45}$$

考虑式（2.41）、（2.42）和（2.45），我们得到

$$U_1 = \frac{M_0}{K_{x\text{M}}}\sin(\omega_p t) \tag{2.46}$$

在这种情况下，考虑式（2.35），取自力矩发生器的电压的幅度为

$$U_{1\text{m}} = \frac{(A+B-C)\omega_p\alpha_\text{m}\Omega}{\dfrac{4\varepsilon SLU_0}{H^2}} \tag{2.47}$$

沿输入轴振动幅度 α_m 为

$$\alpha_\text{m} = \frac{U_\text{m}}{K_{\text{M}y}} \tag{2.48}$$

式中：U_m 是输入角提取的稳定电压幅值，$K_{\text{M}y}$ 是关于输入轴的电压-角度转换因子。于是

$$U_{1\text{m}} = \frac{(A+B-C)\omega_p U_\text{m}}{\dfrac{4\varepsilon SLU_0 K_{\text{M}y}}{H^2}}\Omega \tag{2.49}$$

式（2.49）决定器件的输出特性。

从式（2.49）中看出，和输入轴不同，输出特性的稳定性取决于多个参数。

通过分析式（2.49）得如下结论：

平台的转动惯量 A，B 和 C 实际上不改变，这样可以被认为是恒定的。也可以说对其他结构参数：S——静电力矩发生器电极板的表面积；L——电极板和旋转轴之间的距离；H——静电发生器的间隙尺寸；ε——介电常数等也是恒定的。

因此，下列参数为应考虑的变量：

ω_p——共振振荡频率；

U_m——沿输入轴输入的稳定电压幅度；

$K_{\text{M}y}$——输入轴的角转换因子；

U_0——静电力矩发生器输出轴的反馈电压。

输出信号的幅度 U_{1m} 误差出现在这些参数的变化中，利用泰勒级数展开方法可得：

$$\Delta U_{1m} = \frac{\partial U_{1m}}{\partial \omega_p}\Delta\omega_p + \frac{\partial U_{1m}}{\partial U_m}\Delta U_m + \frac{\partial U_{1m}}{\partial K_{My}}\Delta K_{My} + \frac{\partial U_{1m}}{\partial U_0}\Delta U_0 \quad (2.50)$$

偏导数的表达式：

$$\begin{cases} \dfrac{\partial U_{1m}}{\partial \omega_p} = \dfrac{(A+B-C)U_m}{\dfrac{4\varepsilon SLU_0 K_{My}}{H^2}}\Omega; \\[4mm] \dfrac{\partial U_{1m}}{\partial U_m} = \dfrac{(A+B-C)\omega_p}{\dfrac{4\varepsilon SLU_0 K_{My}}{H^2}}\Omega; \\[4mm] \dfrac{\partial U_{1m}}{\partial K_{My}} = -\dfrac{(A+B-C)\omega_p U_m}{\dfrac{4\varepsilon SLU_0 K_{My}^2}{H^2}}\Omega; \\[4mm] \dfrac{\partial U_{1m}}{\partial U_0} = -\dfrac{(A+B-C)\omega_p U_m}{\dfrac{4\varepsilon SLU_0^2 K_{My}}{H^2}}\Omega_\circ \end{cases} \quad (2.51)$$

相对误差的表达形式为

$$\frac{\Delta U_{1m}}{U_{1m}} = \frac{\Delta\omega_p}{\omega_p} + \frac{\Delta U_m}{U_m} + \frac{\Delta K_{My}}{K_{My}} + \frac{\Delta U_0}{U_0} \quad (2.52)$$

所得的表达式可以对振动陀螺输出信号的稳定性进行初步的估计。

输入轴和输出轴以相同的频率进行振荡，即以共振频率 ω_p 振荡，它的大小取决于惯量矩和硅梁的扭转刚度，这些参数是足够稳定的。恒定电压 U_0 提供给沿输入轴的扭矩发生器，目的是产生输入和输出轴的共振，这时，电压提供额外的负刚度。

这个模拟电压同时也提供给输出轴产生力矩，由式（2.27）可知这些电压提供补充刚度，这个刚度依赖于结构参数，不过首先是依赖 U_0，U_0

的稳定性由电子系统提供，该模型的可靠性很高。

通过 U_0 非稳定性引起的相对误差可以初步估计（不考虑电压稳定器具体方案）为 1%。ω_p 非稳定（由非稳定 U_0 决定的）导致的误差和 U_0 非稳定性引起的误差相当或前者稍高一点。

在输入轴拾取的角度电压 U_m 依赖参考信号发生器的稳定性和输入振荡激发自动系统的斜率，系统提供在输出端拾取的角度电压等于信号发生器的参考电压。该系统相对不稳定率不能超过（考虑到现代电子技术的水平）1%。

2.2　静电驱动式硅微机械振动陀螺的原理性误差

下面分析陀螺在固定平台上的原理误差。为此，设在式（2.14）和（2.20）中，$\omega_{x_1} = \omega_{y_1} = \dot{\omega}_{x_1} = \dot{\omega}_{y_1} = \dot{\omega}_{z_1} = 0$，此外，由内框架悬挂可知 $B \gg B_0$，这样就可以忽略式（2.20）中的后半部分。我们认为主振动在 x 轴激发，输出在 y 轴。这样输入轴 x 上的角速度 $\dot{\beta}$ 远超过输出轴 y 上的角速度 $\dot{\alpha}$，加速力矩 $(A+B-C)\dot{\alpha}\omega_{z_1}$ 和方程（2.20）中的 $(C-A-B)\dot{\beta}\omega_{z_1}$ 相比可以忽略。从式（2.14）和（2.20）中可得

$$\begin{cases} A\ddot{\beta} + D_\beta \cdot \dot{\beta} + K_\beta \cdot \beta = M_x^B + M_x^M \\ B\ddot{\alpha} + D_\alpha \cdot \dot{\alpha} + K_\alpha \cdot \alpha - (C-A-B)\dot{\beta}\omega_{z_1} = M_y^\beta + M_y^M \dot{p} \end{cases} \tag{2.53}$$

输入在 β 坐标产生振动的同时，输出在 α 坐标产生频率相同的反相振动，关于 y 轴的输出振动将改变输出轴和振动的相位，使该相位正比于被测角速度 ω_{z_1}。这样的数据检测方法不依赖输入轴 x 的幅值，这样有利于传感器的稳定性。该方法的缺点是角 α 的检测接口电路很难检测到较低的角速度 ω_{z_1}，从而使器件的灵敏度较低。

在此，采用另外的方法来研究"硅微机械振动陀螺"的误差，该方法检测输出轴关于 ω_{z_1} 振动的幅值。回到式（2.53），设

$$M_x^M = M_x^0 \sin\omega t \ , \ M_x^B = M_y^B = 0 \qquad (2.54)$$

对稳定模式，从式（3.53）可得

$$\beta = \frac{M_x^0}{\sqrt{(K_\beta - A\omega^2)^2 + (D_\beta \cdot \omega)^2}} \cdot \sin(\omega t - \varphi(\omega)), \qquad (2.55)$$

式中：

$$\varphi(\omega) = \arctan \frac{D_\beta \cdot \omega}{K_\beta - A\omega^2} \qquad (2.56)$$

选择输入力矩的频率为谐振频率：

$$\omega = \omega_p = \sqrt{\frac{K_\beta}{A}}, \varphi(\omega) = \frac{\pi}{2} \qquad (2.57)$$

从（2.55）可得

$$\beta = \frac{M_x^0}{D_\beta} \sqrt{\frac{A}{K_\beta}} \cos\omega_p t = \beta_m \cos\omega_p t, \qquad (2.58)$$

式中：

$$\beta_m = \frac{M_x^0}{D_\beta \omega_p} \qquad (2.59)$$

将式（2.58）代入式（2.53）可得

$$M_y = C_\alpha \cdot \alpha \qquad (2.60)$$

$$B\ddot{\alpha} + D_\alpha \cdot \dot{\alpha} + (K_\alpha - C_\alpha)\alpha = -(C - A - B)\beta_m \omega_{z_1} \omega_p \sin\omega_p t, \quad (2.61)$$

或

$$B\ddot{\alpha} + D_\alpha \cdot \dot{\alpha} + (K_\alpha - C_\alpha)\alpha = \frac{(A + B - C)M_x^0}{D_\beta} \omega_{z_1} \sin\omega_p t, \qquad (2.62)$$

取稳定值，可得输出轴振幅为

$$\alpha = \frac{(A + B - C)M_x^0 \omega_{z_1}}{\sqrt{\left[(K_\alpha - C_\alpha) - B\omega_p^2\right]^2 + (D_\alpha \omega_p)^2}} \cdot \frac{1}{D_\beta} \cdot \sin(\omega_p t - \chi(\omega_p)),$$

$$(2.63)$$

式中：

$$\chi(\omega_p) = \arctan \frac{D_\alpha \omega_p}{(K_\alpha - C_\alpha) - B\omega_p^2} \qquad (2.64)$$

我们让输出轴产生谐振，基于此目的，在设计时选择 K_α 和 B 并在调谐选择 C_α 以满足谐振条件

$$(K_\alpha - C_\alpha) - B\omega_p^2 = 0 , \chi(\omega_p) = \frac{\pi}{2} \qquad (2.65)$$

然而由于参数不稳定，式（2.65）的条件不能满足，定义研究器件的输出数据，重写式（2.63）可得下式：

$$\alpha = \frac{(A + B - C)\beta_m \cdot \omega_p \cdot \omega_{z_1}}{\sqrt{\left[(K_\alpha - C_\alpha) - B\omega_p^2\right]^2 + (D_\alpha \omega_p)^2}} \cdot \cos(\omega_p t - \lambda(\omega_p)) \quad (2.66)$$

式中：$\lambda(\omega_p) = \frac{\pi}{2} - \chi(\omega_p)$ ，值很小.

引入被测角速度 $\omega_{z_1} = \Omega$ 和参数 U_α，U_β 来描述角度 α，β 对应的输出电压，可得

$$U_\alpha = K_\alpha^y \cdot \alpha, U_\beta = K_\beta^y \cdot \beta \qquad (2.67)$$

式中：K_α^y，K_β^y 为相关角度的传输系数，电压幅值 U_α^m 和 U_β^m 可表示为

$$U_\alpha^m = K_\alpha^y \cdot \alpha_m , U_\beta^m = K_\beta^y \cdot \beta_m \qquad (2.68)$$

得到在输出坐标 α 上的谐波电压幅值为

$$U_\alpha^m = \frac{(A + B - C) \cdot U_\beta^m \cdot \omega_p}{\sqrt{\left[(K_\alpha - C_\alpha) - B\omega_p^2\right]^2 + (D_\alpha \omega_p)^2}} \cdot \frac{K_\alpha^y}{K_\beta^y} \cdot \Omega, \qquad (2.69)$$

式（2.69）可用于器件的原理误差定义。

从式（2.69）中可以看出，输出电压的稳定性依赖于一系列参数，每

个参数的影响是不同的。平台的转动惯量 A，B，C 实际上是不变的，可以认为是常数。坐标 β 上的谐振调谐可以通过改变驱动器的频率来精确实现。此外，谐振频率 ω_p 可以相当精确地保持稳定，它仅由转动惯量 A 和内扭转梁的刚度 K_β 决定，而后者只随负载 g 和温度的变化而改变。而对硅材料的梁来说，这些变化可以不计。输出轴的振幅 β_m 随阻尼系数 D_β 的变化而变化，因此采用对角度获取端输出电压 U_β 施加反馈的方法来稳定硅微机械振动陀螺中的该参数，反馈由静电扭力器提供。在可接受的误差范围内的 U_β 值，该误差不超过 3％～5％，并受干扰影响较小。

传输系数 K_α^y，K_β^y 除受上述影响外，还受到电子放大器放大系数、检测结构设计、温度等因素影响。但是若加在两检测结构上的是同一交流电压发生器产生的检测信号，则可将两检测结构设计成相同的，并可以采用相同的电子结构，以期两坐标中传输系数之比 K_α^Y/K_β^Y 稳定。

由扭转梁刚度决定的系数 K_α，K_β 较稳定，然而对于输出坐标的谐振调节来说，需要改变输出轴的刚度，可以采用扭力器对输出轴角度 α 施加反馈的方法来实现。该附加的刚度由系数 C_α 决定［见式（2.60）］，该系数的稳定性对系数 K_α 的稳定来说是次要的。

在上述初步理论分析的基础上，定义下列变量：

D_α——输出轴阻尼系数；

U_β^m——角度 β 检测电压振幅；

C_y——输出轴电气弹性刚度。

利用参数变量可写出输出信号幅值 U_α^m 的表达式，并用泰勒级数展开，可得

$$\Delta U_\alpha^m = \frac{\partial U_\alpha^m}{\partial D_\alpha}\Delta D_\alpha + \frac{\partial U_\alpha^m}{\partial U_\beta^m}\Delta U_\beta^m + \frac{\partial U_\alpha^m}{\partial C_\alpha}\Delta C_\alpha + \frac{1}{2}\frac{\partial^2 U_\alpha^m}{\partial C_\alpha^2}\Delta C_\alpha^2 + \cdots$$

$$(2.70)$$

从式（2.69）中可得

$$f(C_\alpha, D_\alpha) = (K_\alpha - C_\alpha - B\omega_p^2)^2 + (D_\alpha \omega_p)^2. \qquad (2.71)$$

$$\begin{cases} \dfrac{\partial U_\alpha^m}{\partial D_\alpha} = -\dfrac{(A+B-C) \cdot U_\beta^m \cdot \omega_p}{K_\alpha^y} \cdot \dfrac{\omega_3^2 D_\alpha}{f^{3/2}} \cdot \Omega \\[4mm] \dfrac{\partial U_\alpha^m}{\partial U_\beta^m} = \dfrac{(A+B-C) \cdot \omega_p \cdot K_\alpha^y}{f^{1/2} \cdot K_\beta^y} \cdot \Omega \\[4mm] \dfrac{\partial U_\alpha^m}{\partial C_\alpha} = +\dfrac{(A+B-C) \cdot U_\beta^m \cdot \omega_p \cdot K_\alpha^y}{K_\beta^y} \cdot \dfrac{(K_\alpha - C_\alpha - B\omega_3^2)}{f^{3/2}} \cdot \Omega \\[4mm] \dfrac{\partial^2 U_\alpha^m}{\partial C_\alpha^2} = -\dfrac{(A+B-C) \cdot U_\beta^m \cdot \omega_p \cdot K_\alpha^y}{K_\beta^y f^3} \cdot \Omega \left[f^{3/2} - 3(K_\alpha - C_\alpha - B\omega_p^2)^2 \cdot f^{1/2}\right] \end{cases}$$

$$(2.72)$$

相对误差为

$$\frac{\partial U_\alpha^m}{U_\alpha^m} = -\frac{\omega_3^2 D_\alpha}{f} \cdot \Delta D_\alpha + \frac{\partial U_\beta^m}{U_\beta^m} + \frac{(K_\alpha - C_\alpha - B\omega_3^2)}{f} \cdot \Delta C_\alpha$$

$$- \frac{1}{2f^3}\left[f^2 - 3(K_\alpha - C_\alpha - B\omega_p^2)^2 \cdot f\right] \cdot \Delta C_\alpha^2 \qquad (2.73)$$

通过选择电气弹性系数 C_α 实现谐振调谐的条件为

$$K_\alpha - C_\alpha - B\omega_p^2 = 0 \qquad (2.74)$$

相对误差近似展开式为

$$\frac{\partial U_\alpha^m}{U_\alpha^m} = -\frac{\Delta D_\alpha}{D_\alpha} + \frac{\partial U_\beta^m}{U_\beta^m} - \frac{1}{2}\frac{\Delta C_\alpha^2}{(D_\alpha \omega_p)^2} \qquad (2.75)$$

第三章　旋转驱动陀螺的数学模型

本章运用陀螺力学理论论证旋转驱动陀螺的数学模型，求得硅振动元件动力学方程的解析解，对该数学模型进行动力学误差分析，为制作该旋转驱动陀螺奠定理论基础。

3.1　旋转驱动陀螺工作原理

图 3.1 是旋转驱动陀螺的工作原理图。1 为单晶硅摆片，2 为单晶硅弹性扭转梁，3 为陶瓷极板上蒸镀的金属电极，4 为陶瓷极板。电极极板和硅摆片之间留有振动间隙，其间充有一个大气压的氮气。硅摆片和四块金属电极构成四个敏感电容器，当硅质量绕硅弹性扭转梁做角振动时，四个电容器的电容值会发生变化，变化的大小和角振动幅度有关。

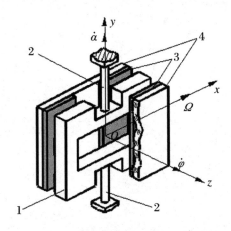

图 3.1　旋转驱动陀螺结构

坐标系 $OXYZ$ 固定于旋转驱动陀螺的硅质量上，传感器固定于旋转载体上，$\dot{\alpha}$ 为硅质量绕 OY 轴做角振动的角速度，$\dot{\varphi}$ 为载体的自旋角速度（横滚角速度），Ω 为载体偏航或俯仰角速度（即被测角速度）。当载体以 $\dot{\varphi}$ 的角速度自旋的同时又以 Ω 角速度俯仰或偏航时，硅质量就受到周期性的科氏力力矩（科氏力的频率为载体旋转的频率）作用，使硅质量产生沿 OY 轴的角振动，从而引起四个敏感电容的变化，把电容变化信号输出放大，便得到和 Ω 有关的输出信号。

3.2 质量运动的数学模型

3.2.1 质量振动方程

如图 3.2 所示，$O\xi\eta\zeta$ ——惯性坐标系（固定坐标系）；

$OX_1Y_1Z_1$ ——俯仰或偏航坐标系；

$OX_2Y_2Z_2$ ——机体横滚坐标系；

$OXYZ$ ——固连于硅质量上的坐标系。

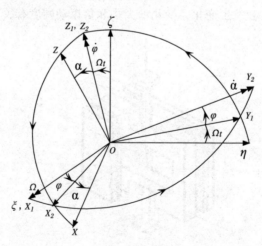

图 3.2 坐标变换

在惯性坐标系 $O\xi\eta\zeta$ 中，由刚体定点转动的动量矩定理[67]得：

$$\frac{\mathrm{d}}{\mathrm{d}t}\begin{bmatrix}G_\xi\\G_\eta\\G_\zeta\end{bmatrix}=\begin{bmatrix}M_\xi\\M_\eta\\M_\zeta\end{bmatrix} \tag{3.1}$$

式中：$\begin{bmatrix}G_\xi\\G_\eta\\G_\zeta\end{bmatrix}$ 为硅质量在 $O\xi\eta\zeta$ 坐标系中的动量矩；$\begin{bmatrix}M_\xi\\M_\eta\\M_\zeta\end{bmatrix}$ 为硅质量在 $O\xi\eta\zeta$ 坐标系中所受的力矩。

下面经过三次坐标变换，到坐标系 $OXYZ$。取 $OXYZ$ 坐标系为硅质量的惯性主轴坐标系时，转动惯量矩阵 $\boldsymbol{J}$ 就是一个不变的常值矩阵。

（1）在惯性坐标系 $O\xi\eta\zeta$ 中，绕 $O\xi$ 轴以角速度 Ω 旋转 Ωt 夹角到 $OX_1Y_1Z_1$ 坐标系，则

$$\begin{bmatrix}G_\xi\\G_\eta\\G_\zeta\end{bmatrix}=\boldsymbol{A}^{-1}\begin{bmatrix}G_{X_1}\\G_{Y_1}\\G_{Z_1}\end{bmatrix},\quad \begin{bmatrix}M_\xi\\M_\mu\\M_\zeta\end{bmatrix}=\boldsymbol{A}^{-1}\begin{bmatrix}M_{X_1}\\M_{Y_1}\\M_{Z_1}\end{bmatrix}$$

式中：$\boldsymbol{A}=\begin{bmatrix}1&0&0\\0&\cos\Omega t&\sin\Omega t\\0&-\sin\Omega t&\cos\Omega t\end{bmatrix}$ 为变换矩阵，它是时间的函数。

把上面的关系式代入式（3.1）变换得

$$\frac{\mathrm{d}}{\mathrm{d}t}\begin{bmatrix}G_{X_1}\\G_{Y_1}\\G_{Z_1}\end{bmatrix}+\begin{bmatrix}0&0&0\\0&0&-\Omega\\0&\Omega&0\end{bmatrix}\begin{bmatrix}G_{X_1}\\G_{Y_1}\\G_{Z_1}\end{bmatrix}=\begin{bmatrix}M_{X_1}\\M_{Y_1}\\M_{Z_1}\end{bmatrix} \tag{3.2}$$

（2）在坐标系 $OX_1Y_1Z_1$ 中，绕 OZ_1 轴以角速度 $\dot{\varphi}$ 旋转 φ 夹角到

$OX_2Y_2Z_2$ 坐标系，则

$$\begin{bmatrix} G_{X_1} \\ G_{Y_1} \\ G_{Z_1} \end{bmatrix} = \boldsymbol{B}^{-1} \begin{bmatrix} G_{X_2} \\ G_{Y_2} \\ G_{Z_2} \end{bmatrix} , \quad \begin{bmatrix} M_{X_1} \\ M_{Y_1} \\ M_{Z_1} \end{bmatrix} = \boldsymbol{B}^{-1} \begin{bmatrix} M_{X_2} \\ M_{Y_2} \\ M_{Z_2} \end{bmatrix}$$

式中：$\boldsymbol{B} = \begin{bmatrix} \cos\varphi & \sin\varphi & 0 \\ -\sin\varphi & \cos\varphi & 0 \\ 0 & 0 & 1 \end{bmatrix}$ 为变换矩阵，它是时间的函数。

把上式代入式（3.2）中得

$$\begin{bmatrix} 0 & -\dot{\varphi} & 0 \\ \dot{\varphi} & 0 & 0 \\ 0 & 0 & 0 \end{bmatrix} \begin{bmatrix} G_{X_2} \\ G_{Y_2} \\ G_{Z_2} \end{bmatrix} + \frac{\mathrm{d}}{\mathrm{d}t} \begin{bmatrix} G_{X_2} \\ G_{Y_2} \\ G_{Z_2} \end{bmatrix} + \boldsymbol{B} \begin{bmatrix} 0 & 0 & 0 \\ 0 & 0 & -\Omega \\ 0 & \Omega & 0 \end{bmatrix} \boldsymbol{B}^{-1} \begin{bmatrix} G_{X_2} \\ G_{Y_2} \\ G_{Z_2} \end{bmatrix} = \begin{bmatrix} M_{X_2} \\ M_{Y_2} \\ M_{Z_2} \end{bmatrix}$$

$$(3.3)$$

（3）在坐标系 $OX_2Y_2Z_2$ 中，绕 OY_2 轴以角速度 $\dot{\alpha}$ 旋转 α 夹角到 $OXYZ$ 坐标系，则

$$\begin{bmatrix} G_{X_2} \\ G_{Y_2} \\ G_{Z_2} \end{bmatrix} = \boldsymbol{C}^{-1} \begin{bmatrix} G_X \\ G_Y \\ G_Z \end{bmatrix} , \quad \begin{bmatrix} M_{X_2} \\ M_{Y_2} \\ M_{Z_2} \end{bmatrix} = \boldsymbol{C}^{-1} \begin{bmatrix} M_X \\ M_Y \\ M_Z \end{bmatrix}$$

式中：$\boldsymbol{C} = \begin{bmatrix} \cos\alpha & 0 & -\sin\alpha \\ 0 & 1 & 0 \\ \sin\alpha & 0 & \cos\alpha \end{bmatrix}$ 为变换矩阵，它是时间的函数。

把上式代入式（3.3）中，得

$$\begin{bmatrix} 0 & -\dot{\varphi} & 0 \\ \dot{\varphi} & 0 & 0 \\ 0 & 0 & 0 \end{bmatrix} \boldsymbol{C}^{-1} \begin{bmatrix} G_X \\ G_Y \\ G_Z \end{bmatrix} + \frac{\mathrm{d}}{\mathrm{d}t} \left(\boldsymbol{C}^{-1} \begin{bmatrix} G_X \\ G_Y \\ G_Z \end{bmatrix} \right)$$

$$+ \boldsymbol{B} \begin{bmatrix} 0 & 0 & 0 \\ 0 & 0 & -\Omega \\ 0 & \Omega & 0 \end{bmatrix} \boldsymbol{B}^{-1} \boldsymbol{C}^{-1} \begin{bmatrix} G_X \\ G_Y \\ G_Z \end{bmatrix} = \boldsymbol{C}^{-1} \begin{bmatrix} M_X \\ M_Y \\ M_Z \end{bmatrix} \tag{3.4}$$

化简式（3.4），得

$$\begin{bmatrix} 0 & -\Omega\cos\varphi\sin\alpha - \dot{\varphi}\cos\alpha & -\Omega\sin\varphi + \dot{\alpha} \\ \Omega\sin\alpha\cos\varphi + \dot{\varphi}\cos\alpha & 0 & \dot{\varphi}\sin\alpha - \Omega\cos\varphi\cos\alpha \\ \Omega\sin\varphi - \dot{\alpha} & \Omega\cos\varphi\cos\alpha - \dot{\varphi}\sin\alpha & 0 \end{bmatrix} \begin{bmatrix} G_X \\ G_Y \\ G_Z \end{bmatrix}$$

$$+ \frac{\mathrm{d}}{\mathrm{d}t} \begin{bmatrix} G_X \\ G_Y \\ G_Z \end{bmatrix} = \begin{bmatrix} M_X \\ M_Y \\ M_Z \end{bmatrix} \tag{3.5}$$

在坐标系 $OXYZ$ 中，硅质量的动量矩为

$$\begin{bmatrix} G_X \\ G_Y \\ G_Z \end{bmatrix} = \boldsymbol{J} \begin{bmatrix} \Psi_X \\ \Psi_Y \\ \Psi_Z \end{bmatrix} = \begin{bmatrix} J_X \Psi_X \\ J_Y \Psi_Y \\ J_Z \Psi_Z \end{bmatrix} \tag{3.6}$$

式中：J_X，J_Y，J_Z 为硅质量在 X，Y，Z 轴上的转动惯量，Ψ_X，Ψ_Y，Ψ_Z 为硅质量的角速度矢量投影到 $OXYZ$ 坐标系上的分量：

$$\begin{bmatrix} \Psi_X \\ \Psi_Y \\ \Psi_Z \end{bmatrix} = \begin{bmatrix} \Omega\cos\varphi\cos\alpha - \dot{\varphi}\sin\alpha \\ -\Omega\sin\varphi + \dot{\alpha} \\ -\Omega\cos\varphi\sin\alpha + \dot{\varphi}\cos\alpha \end{bmatrix} \tag{3.7}$$

于是

$$\begin{bmatrix} G_X \\ G_Y \\ G_Z \end{bmatrix} = \boldsymbol{J} \begin{bmatrix} \Psi_X \\ \Psi_Y \\ \Psi_Z \end{bmatrix} = \begin{bmatrix} J_X \Psi_X \\ J_Y \Psi_Y \\ J_Z \Psi_Z \end{bmatrix} = \begin{bmatrix} J_X(\Omega\cos\varphi\cos\alpha - \dot{\varphi}\sin\alpha) \\ J_Y(-\Omega\sin\varphi + \dot{\alpha}) \\ J_Z(-\Omega\cos\varphi\sin\alpha + \dot{\varphi}\cos\alpha) \end{bmatrix} \quad (3.8)$$

把式 (3.8) 代入式 (3.5) 中，得到三个动力学方程：

$$J_Y(-\Omega\cos\varphi\sin\alpha - \dot{\varphi}\cos\alpha)(-\Omega\sin\varphi + \dot{\alpha}) +$$

$$J_Z(-\Omega\sin\varphi + \dot{\alpha})(-\Omega\cos\varphi\sin\alpha + \dot{\varphi}\cos\alpha)$$

$$+ J_X \frac{\mathrm{d}}{\mathrm{d}t}(\Omega\cos\varphi\cos\alpha - \dot{\varphi}\sin\alpha) = M_X \quad (3.9)$$

$$J_X(\Omega\sin\alpha\cos\varphi + \dot{\varphi}\cos\alpha)(\Omega\cos\varphi\cos\alpha - \dot{\varphi}\sin\alpha) + J_Y \frac{\mathrm{d}}{\mathrm{d}t}(-\Omega\sin\varphi + \dot{\alpha})$$

$$+ J_Z(\dot{\varphi}\sin\alpha - \Omega\cos\varphi\cos\alpha)(-\Omega\cos\varphi\sin\alpha + \dot{\varphi}\cos\alpha) = M_Y \quad (3.10)$$

$$J_X(\Omega\sin\varphi - \dot{\alpha})(\Omega\cos\varphi\cos\alpha - \dot{\varphi}\sin\alpha)$$

$$+ J_Y(\Omega\cos\varphi\cos\alpha - \dot{\varphi}\sin\alpha)(-\Omega\sin\varphi + \dot{\alpha})$$

$$+ J_Z \frac{\mathrm{d}}{\mathrm{d}t}(-\Omega\cos\varphi\sin\alpha + \dot{\varphi}\cos\alpha) = M_Z \quad (3.11)$$

只考虑 OY 轴上的动力学方程，即

$$(J_X + J_Z)\Omega^2 \cos^2\varphi\sin\alpha\cos\alpha + (J_Z - J_X)\dot{\varphi}^2 \sin\alpha\cos\alpha + J_X\Omega\dot{\varphi}\cos\varphi\cos2\alpha$$

$$- J_Z\Omega\dot{\varphi}\cos\varphi + J_Y\ddot{\alpha} - J_Y\Omega\dot{\varphi}\cos\varphi - J_Y \frac{\mathrm{d}\Omega}{\mathrm{d}t}\sin\varphi = M_Y \quad (3.12)$$

OY 轴上的外力矩和为

$$M_Y = -K_T\alpha - D\dot{\alpha} \quad (3.13)$$

式中：K_T 是单晶硅弹性梁的扭转刚度；D 是质量角振动阻尼系数。

对式 (3.12) 做如下近似：

①考虑到旋转载体的旋转角速率远大于其俯仰或偏航角速率，即

$\Omega \ll \dot{\varphi}$，忽略式中 Ω^2 项；

②由于硅质量绕 OY 轴的摆动角 α 很小（$0 \sim 0.002\ \mathrm{rad}$），所以 $\sin\alpha \approx \alpha$，$\cos\alpha \approx \cos 2\alpha \approx 1$；

③不考虑载体的俯仰或偏航角加速度，即令 $\dfrac{\mathrm{d}\Omega}{\mathrm{d}t} = 0$ 。

经过以上三步近似，质量绕 OY 轴做角振动的动力学方程化简为

$$J_Y \frac{\mathrm{d}^2}{\mathrm{d}t^2}\alpha(t) + D\frac{\mathrm{d}}{\mathrm{d}t}\alpha(t) + [(J_z - J_X)\dot{\varphi}^2 + K_\mathrm{T}]\alpha(t)$$

$$= (J_z + J_Y - J_X)\Omega\dot{\varphi}\cos(\dot{\varphi}t) \tag{3.14}$$

3.2.2　动力学系统分析

作为系统，输入信号为

$$x(t) = (J_z + J_Y - J_X)\Omega\dot{\varphi}\cos(\dot{\varphi}t)$$

输出信号，即响应为 $\alpha(t)$ 。

对方程两边求拉普拉斯变换得：

$$\{J_Y s^2 + Ds + [(J_z - J_X)\dot{\varphi}^2 + K_\mathrm{T}]\}\alpha(s) = X(s)$$

系统函数为

$$H(s) = \frac{1}{J_Y s^2 + Ds + [(J_z - J_X)\dot{\varphi}^2 + K_\mathrm{T}]}$$

令 $J_Y s^2 + Ds + [(J_z - J_X)\dot{\varphi}^2 + K_\mathrm{T}] = 0$ ，得两个极点 $s_{\mathrm{p}1}$ 和 $s_{\mathrm{p}2}$ 。

$$s_{\mathrm{p}12} = \frac{-D \pm \sqrt{D^2 - 4J_Y[(J_z - J_X)\dot{\varphi}^2 + K_\mathrm{T}]}}{2J_Y}$$

稳定系统要求 $s_{\mathrm{p}12} < 0$ ，即

$$\frac{-D \pm \sqrt{D^2 - 4J_Y[(J_z - J_X)\dot{\varphi}^2 + K_\mathrm{T}]}}{2J_Y} < 0$$

上式显然可以满足，故系统是稳定的。

$$H(s) = \frac{1}{J_Y(s - s_{p_1})(s - s_{p_2})}$$

频率响应可以通过图 3.3 复平面中点、极点图得到。

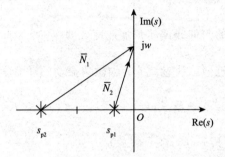

图 3.3 坐标变换

频率响应 $H(\mathrm{j}\omega) = H(s)\big|_{s=\mathrm{j}\omega} = \dfrac{1}{N_1 N_2}$ ，$|H(\mathrm{j}\omega)| = H(s)\big|_{s=\mathrm{j}\omega} = \dfrac{1}{N_1 N_2}$

（见图 3.4、3.5）。

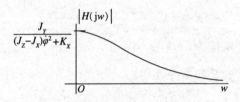

图 3.4 幅频特性

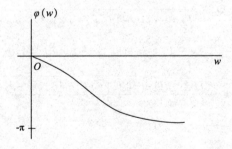

图 3.5 相频特性

3.2.3　角振动方程的解

式（3.14）可化简为

$$\ddot{\alpha} + 2\xi\omega_0\dot{\alpha} + \omega_0^2\alpha = f_0\cos(\dot{\varphi}t) \qquad (3.15)$$

式中：

$$\omega_0^2 = \frac{1}{J_Y}\big[(J_Z - J_X)\dot{\varphi}^2 + K_\mathrm{T}\big] \qquad (3.16)$$

$$\xi = \frac{D}{2\omega_0 J_Y} = \frac{D}{2\sqrt{J_Y\big[(J_Z - J_X)\dot{\varphi}^2 + K_\mathrm{T}\big]}} \qquad (3.17)$$

$$f_0 = \frac{1}{J_Y}(J_Z + J_Y - J_X)\Omega\dot{\varphi} \qquad (3.18)$$

式中：ω_0 为硅摆片在受旋转载体驱动后绕 OY 轴的角振动固有圆频率；ξ 为阻尼比，其有效角刚度为

$$K = K_\mathrm{T} + (J_Z - J_X)\dot{\varphi}^2 \qquad (3.19)$$

式（3.15）的解为

$$\alpha = Ae^{-nt}\cos(\sqrt{\omega_0^2 - n^2}\,t + \delta) + B\cos(\dot{\varphi}t - \beta) \qquad (3.20)$$

$$\tan\beta = \frac{2n\dot{\varphi}}{\omega_0^2 - \dot{\varphi}^2} \qquad (3.21)$$

式中：A 和 δ 为积分常数，由运动的初始条件确定；B 为稳定振动的振幅；β 为相位差，角振动相位比激振力落后一个相位角 β；$n = \xi\omega_0$ 为阻尼因子。式（3.20）的第一部分随振动时间的增加，很快地衰减了。第二部分由受迫作用力决定，它的频率为受迫力的激振频率（即载体的自旋角速度），其振动振幅不仅和激振力有关，还和激振频率以及振动系统的参数 J_X，J_Y，J_Z，K_T 及 D 有关。

方程的稳定解为

$$\alpha = B\cos(\dot{\varphi}t - \beta) = \frac{f_0}{\sqrt{(\omega_0^2 - \dot{\varphi}^2)^2 + 4n^2\dot{\varphi}^2}}\cos(\dot{\varphi}t - \beta)$$

代入参数并化简可得

$$\alpha = \frac{(J_Z + J_Y - J_X)\Omega\dot{\varphi}}{\sqrt{[(J_Z - J_X - J_Y)\dot{\varphi}^2 + K_T]^2 + (D\dot{\varphi})^2}}\cos(\dot{\varphi}t - \beta) \quad (3.22)$$

角振动幅度为

$$\alpha_m = \frac{(J_Z + J_Y - J_X)\dot{\varphi}}{\sqrt{[(J_Z - J_X - J_Y)\dot{\varphi}^2 + K_T]^2 + (D\dot{\varphi})^2}}\Omega \quad (3.23)$$

3.2.4 角振动方程解的分析

从式（3.23）可以看出，旋转驱动陀螺的输出信号不仅是被测角速度 Ω 的函数，也是 $\dot{\varphi}$ 的函数，即 $\dot{\varphi}$ 的变化会使输出信号发生变化。

在实际工艺加工中，由于硅振动质量的厚度远小于它的横向尺寸，所以

$$J_Z - J_X - J_Y \approx 0 \quad (3.24)$$

$$(J_Z - J_X - J_Y)\dot{\varphi}^2 \ll K_T \quad (3.25)$$

式（3.23）可以简化为

$$\alpha_m = \frac{(J_Z + J_Y - J_X)\dot{\varphi}}{\sqrt{K_T^2 + (D\dot{\varphi})^2}}\Omega \quad (3.26)$$

式（3.21）可以简化为

$$\tan\beta = \frac{D\dot{\varphi}}{(J_Z - J_X - J_Y)\dot{\varphi}^2 + K_T} \approx \frac{D\dot{\varphi}}{K_T} \quad (3.27)$$

式（3.26）可以进一步简化为

$$\alpha_m = \frac{2J_Y\Omega\dot{\varphi}}{\sqrt{K_T^2 + (D\dot{\varphi})^2}} \quad (3.28)$$

从式（3.28）可以看出，要增大灵敏度，应增大 J_Y。

在式（3.28）中，我们分析以下两种情况。

1. 当 $K_T < D\dot{\varphi}$ 时

式（3.28）分母表达式的结果主要取决于 $D\dot{\varphi}$，这就使输出信号对载体旋转角速度 $\dot{\varphi}$ 的依赖大大减小。

若 $K_T = 0$，式（3.28）化为

$$\alpha_m = \frac{2J_Y\Omega}{D} \qquad (3.29)$$

在式（3.29）中，摆角的幅度和载体旋转角速度无关。这时，由于空气阻尼因子 D 的稳定性比单晶硅的扭转刚度系数 K_T 的稳定性低，输出信号的稳定性会变差。

2. 当 $K_T > D\dot{\varphi}$ 时

式（3.28）分母的值主要由单晶硅的扭转刚度系数 K_T 决定，这样输出信号的稳定性较好。然而，这时输出信号明显与载体的旋转角速度 $\dot{\varphi}$ 有关。

在本书所述实际结构中，硅弹性梁的扭转刚度 K_T 比 $D\dot{\varphi}$ 大，这在以后的章节中可以看到。

3.3　误差分析

3.4.1　旋转驱动陀螺敏感元件的动力学误差分析

在式（3.23）中，J_X，J_Y，J_Z 为常数，把 $\dot{\varphi}$，K_T，D 当作变参数求全微分，输出信号 α_m 的误差 $\Delta\alpha_m$ 可以表示如下：

$$\Delta \alpha_{\mathrm{m}} = \frac{\partial \alpha_{\mathrm{m}}}{\partial \dot{\varphi}} \Delta \dot{\varphi} + \frac{\partial \alpha_{\mathrm{m}}}{\partial K_{\mathrm{T}}} \Delta K_{\mathrm{T}} + \frac{\partial \alpha_{\mathrm{m}}}{\partial D} \Delta D \tag{3.30}$$

把 α_{m} 的表达式代入上式并考虑到关系式 $K_{\mathrm{T}} \gg (J_z - J_X - J_Y)\dot{\varphi}^2$，化简得

$$\frac{\Delta \alpha_{\mathrm{m}}}{(J_Z + J_Y - J_X)\Omega} = \left[\frac{1}{\sqrt{K_{\mathrm{T}}^2 + D^2 \dot{\varphi}^2}} - \frac{2\dot{\varphi}^2 D^2}{(K_{\mathrm{T}}^2 + D^2 \dot{\varphi}^2)^{3/2}} \right] \Delta \dot{\varphi}$$

$$- \frac{\dot{\varphi} K_{\mathrm{T}}}{(K_{\mathrm{T}}^2 + D^2 \dot{\varphi}^2)^{3/2}} \Delta K_{\mathrm{T}} - \frac{D \dot{\varphi}^3}{(K_{\mathrm{T}}^2 + D^2 \dot{\varphi}^2)^{3/2}} \Delta D \tag{3.31}$$

相对误差为

$$\frac{\Delta \alpha_{\mathrm{m}}}{\alpha_{\mathrm{m}}} = \frac{(J_Z + J_Y - J_X)\Omega}{(K_{\mathrm{T}}^2 + D^2 \dot{\varphi}^2)^{3/2}} [(K_{\mathrm{T}}^2 + D^2 \dot{\varphi}^2 - 2\dot{\varphi}^2 D^2)\Delta \dot{\varphi} - \dot{\varphi} K_{\mathrm{T}} \Delta K_{\mathrm{T}} - D \dot{\varphi}^3 \Delta D]$$

$$\frac{\sqrt{K_{\mathrm{T}}^2 + (D\dot{\varphi})^2}}{(J_Z + J_Y - J_X)\dot{\varphi}\Omega} \tag{3.32}$$

对上式进行化简得

$$\frac{\Delta \alpha_{\mathrm{m}}}{\alpha_{\mathrm{m}}} = \frac{1}{\dot{\varphi}(K_{\mathrm{T}}^2 + D^2 \dot{\varphi}^2)} [(K_{\mathrm{T}}^2 - D^2 \dot{\varphi}^2)\Delta \dot{\varphi} - \dot{\varphi} K_{\mathrm{T}} \Delta K_{\mathrm{T}} - D \dot{\varphi}^3 \Delta D]$$

$$\tag{3.33}$$

由于 $K_{\mathrm{T}} > D\dot{\varphi}$（在以后的章节中可以看到），在式（3.33）中，和 K_{T}^2 相比 $\dot{\varphi}^2 D^2$ 可以略去，于是简化为

$$\frac{\Delta \alpha_{\mathrm{m}}}{\alpha_{\mathrm{m}}} \cong \frac{\Delta \dot{\varphi}}{\dot{\varphi}} - \frac{\Delta K_{\mathrm{T}}}{K_{\mathrm{T}}} - \frac{D^2 \dot{\varphi}^2}{K_{\mathrm{T}}^2} \frac{\Delta D}{D} \tag{3.34}$$

在上式中，由于单晶硅弹性扭转刚度系数 K_{T} 是很稳定的系数，由阻尼因子的不稳定而产生的误差也很小，因此，相对误差 $\Delta \alpha_{\mathrm{m}}/\alpha_{\mathrm{m}}$ 将主要取决于对旋转载体的旋转频率 $\dot{\varphi}$ 的测量精度。

3.4.2　旋转驱动陀螺输出信号的误差分析

通过以后的章节我们可以知道，旋转驱动陀螺输出的电压信号 U_m 与被测角速度 Ω 的关系可以表示为

$$U_m = \frac{K_e(J_Z + J_Y - J_X)\dot{\varphi}}{\sqrt{[(J_Z - J_X - J_Y)\dot{\varphi}^2 + K_T]^2 + (D\dot{\varphi})^2}}\Omega \tag{3.35}$$

式中：K_e 是信号提取电路的放大因子。

输出信号误差 ΔU_m 的泰勒展开为

$$\Delta U_m = \frac{\partial U_m}{\partial \dot{\varphi}}\Delta\dot{\varphi} + \frac{\partial U_m}{\partial K_T}\Delta K_T + \frac{\partial U_m}{\partial D}\Delta D + \frac{\partial U_m}{\partial K_e}\Delta K_e + \cdots \tag{3.36}$$

当 $K_T > D\dot{\varphi}$ 时，相对误差为

$$\frac{\Delta U_m}{U_m} = \frac{\Delta\dot{\varphi}}{\dot{\varphi}} - \frac{\Delta K_T}{K_T} - \frac{D^2\dot{\varphi}^2}{K_T^2}\frac{\Delta D}{D} + \frac{\Delta K_e}{K_e} \tag{3.37}$$

旋转驱动陀螺输出信号的不稳定性主要来源于对旋转载体的旋转频率 $\dot{\varphi}$ 的测量误差和由信号处理电路的放大因子 K_e 引入的误差。

本章小结

（1）利用刚体定点转动的动量矩定理推导出了硅振动元件的动力学方程，求解得到方程的解析解，从而论证了旋转驱动陀螺的数学模型。

（2）从方程的解看出，被测角速度 Ω 的大小以摆角幅度 α_m 表现出来，它们之间成正比关系。不过，摆角幅度 α_m 除了和 Ω 有关外，还和载体旋转角速率 $\dot\varphi$ 有关，通过调整力学参数 K_T，D 以及 J_X，J_Y，J_Z 的值，可以调节 α_m 对 $\dot\varphi$ 的依赖程度。

（3）对旋转驱动陀螺进行了误差分析，在阻尼较小的情况下，旋转驱动陀螺输出信号的不稳定性主要来源于对旋转载体旋转速率的测量误差和由信号提取电路引入的误差。

第四章　陀螺力学参数计算

　　根据旋转驱动陀螺的数学模型，本章给出旋转驱动陀螺敏感元件的结构，论证硅振动元件的结构尺寸，对旋转驱动陀螺动力学方程中出现的力学参数如转动惯量、硅振动元件弹性扭转梁的扭转刚度系数和硅振动元件阻尼系数进行求解计算。

4.1　旋转驱动陀螺硅振动元件结构

　　陀螺敏感元件为"三明治"结构，其剖面如图 4.1 所示，A 为硅弹性扭转梁，B 为硅质量，C 为硅振动元件外框，D 为上下极板，硅质量 B 的厚度小于硅外框 C 的厚度，硅弹性扭转梁 A 的厚度小于硅质量 B 的厚度。硅质量 B 可以绕由两根弹性梁 A 构成的轴做角振动。

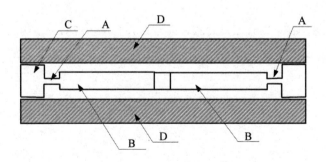

图 4.1　陀螺敏感元件剖面图

　　硅振动元件结构如图 4.2 所示，该结构是兼顾所研制陀螺的性能和加工硅振动元件的工艺条件而设计确定的，图中符号 A，B，C 表示同上。

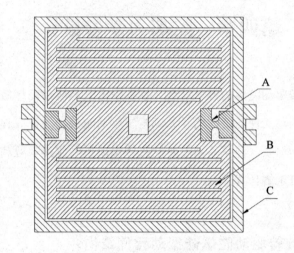

图 4.2　硅振动元件结构图

　　图 4.3 所示为硅振动质量的结构尺寸，图中 a_0、a_1、a_2、a_3、a_4、a_5、a_6 为 X 轴方向尺寸，b_0、b_1、b_2、b_3、b_4、b_5 为 Y 轴方向尺寸，h 为硅振动质量厚度，ρ 为单晶硅的密度。图中黑色区域为实体，白色区域为贯通区，相邻条形贯通区域之间的间隔为 a_4，条形贯通区域的宽度为 a_5。具体尺寸确定如下（单位为 mm）：

　　$a_0 = 0.8$，$a_1 = 1.5$，$a_2 = 2.4$，$a_3 = 3.5$，$a_4 = 0.75$，$a_5 = 0.2$，$a_6 = 14$，$b_0 = 0.8$，$b_1 = 1.5$，$b_2 = 9.4$，$b_3 = 12.6$，$b_4 = 2.25$，$b_5 = 14$，$h = 0.345$。

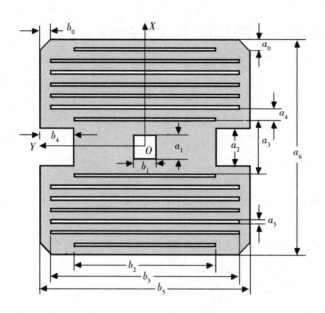

图 4.3 敏感质量结构

4.2 硅质量的转动惯量

沿 X 轴的转动惯量为

$$J_X = \frac{\rho}{12}\left[a_6 b_5 h\ (b_5^2+h^2)\right] - \frac{\rho}{12}\left[a_1 b_1 h\ (b_1^2+h^2)\right] - \frac{\rho}{12}\left[10 a_5 b_3 h\ (b_3^2+h^2)\right]$$

$$- \frac{\rho}{12}\left[4 a_5 b_2 h\ (b_2^2+h^2)\right] - 2 a_2 b_4 h\rho\left(\frac{b_5-b_4}{2}\right)^2 - 2\times\frac{1}{12}a_2 b_4 h\rho\ (b_4^2+h^2)$$

$$- 4\times\left[\frac{1}{2}a_0^2 h\rho\left(\frac{3b_5-2b_0}{6}\right)^2\right] \tag{4.1}$$

沿 Y 轴的转动惯量为

$$J_Y = \frac{\rho}{12}[a_6 b_5 h(a_6^2+h^2)] - \frac{\rho}{12}[a_1 b_1 h(a_1^2+h^2)]$$

$$- 2 a_5 b_3 h\rho\left[\left(\frac{a_3+a_5}{2}+a_4\right)^2 + \left(\frac{a_3+a_5}{2}+2a_4\right)^2 + \left(\frac{a_3+a_5}{2}+3a_4\right)^2 + \left(\frac{a_3+a_5}{2}+4a_4\right)^2\right]$$

$$-2a_5b_3h\rho\left[\left(\frac{a_3+a_5}{2}+5a_4\right)^2\right]-10\times\frac{1}{12}(a_5^2+h^2)a_5b_3h\rho$$

$$-2a_5b_2h\rho\left[\left(\frac{a_3+a_5}{2}\right)^2+\left(\frac{a_3+a_5}{2}+6a_4\right)^2\right]-4\times\frac{1}{12}(a_5^2+h^2)a_5b_2h\rho$$

$$-2\times\frac{1}{12}a_2b_4h\rho(a_2^2+h^2)-4\times\left[\frac{1}{2}a_0^2h\rho\left(\frac{3a_6-2a_0}{6}\right)^2\right]\tag{4.2}$$

沿 Z 轴的转动惯量为

$$J_Z=\frac{\rho}{12}[a_6b_5h(a_6^2+b_5^2)]-\frac{\rho}{12}[a_1b_1h(a_1^2+b_1^2)]$$

$$-2a_5b_3h\rho\left[\left(\frac{a_3+a_5}{2}+a_4\right)^2+\left(\frac{a_3+a_5}{2}+2a_4\right)^2+\left(\frac{a_3+a_5}{2}+3a_4\right)^2+\left(\frac{a_3+a_5}{2}+4a_4\right)^2\right]$$

$$-2a_5b_3h\rho\left[\left(\frac{a_3+a_5}{2}+5a_4\right)^2\right]-10\times\frac{1}{12}(a_5^2+b_3^2)a_5b_3h\rho$$

$$-2a_5b_2h\rho\left[\left(\frac{a_3+a_5}{2}\right)^2+\left(\frac{a_3+a_5}{2}+6a_4\right)^2\right]-4\times\frac{1}{12}(a_5^2+b_2^2)a_5b_2h\rho$$

$$-2a_2b_4h\rho\left(\frac{b_5-b_4}{2}\right)^2-2\times\frac{1}{12}a_2b_4h\rho(a_2^2+b_4^2)$$

$$-4\times\left[\frac{1}{2}a_0^2h\rho\left(\frac{3a_6-2a_0}{6}\right)^2+\frac{1}{2}a_0^2h\rho\left(\frac{3b_5-2b_0}{6}\right)^2\right]\tag{4.3}$$

硅摆片的质量为

$$m=\rho\left[a_6b_5-a_1b_1-10a_5b_3-4a_5b_2-2a_2b_4-4\times\frac{1}{2}\times a_0b_0\right]h$$

硅质量的密度为 $\rho=2.33\times10^3$ kg・m^2。

把硅质量的结构尺寸和单晶硅密度代入转动惯量表达式中,计算可得

$$J_X=1.91177\times10^{-9}\text{ kg}\cdot\text{m}^2$$

$$J_Y=2.027814\times10^{-9}\text{ kg}\cdot\text{m}^2$$

$$J_Z=3.9372\times10^{-9}\text{ kg}\cdot\text{m}^2$$

$$m=1.197334575\times10^{-4}\text{ kg}$$

4.3 硅振动元件弹性梁的力学分析与计算

图 4.4 所示为硅振动元件弹性支撑梁结构，梁的厚度为 h，梁的最小宽度为 δ，图中圆的半径为 R。梁的 Oxy 面固定，作用在弹性梁末端断面沿 x，y，z 三个方向的力和力矩分别为 F_x，F_y，F_z 和 M_x，M_y，M_z。

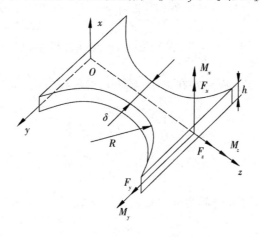

图 4.4 硅振动元件弹性梁结构

梁的宽度 w 随 z 的变化而变化，如图 4.5 所示。

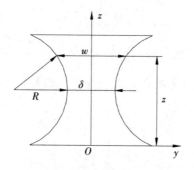

图 4.5 弹性支撑梁结构的俯视图

$$w = \delta + 2[R - \sqrt{R^2 - (z-R)^2}] \tag{4.4}$$

由 F_x，F_y，F_z 引起梁末端在 x，y，z 三个方向的位移为

$$\delta_x^{F_x} = \frac{6}{5}\int_0^{2R} \frac{F_x}{GS}\mathrm{d}z + \int_0^{2R} \frac{F_x(2R-z)^2}{EI_y}\mathrm{d}z$$

$$\delta_y^{F_y} = \frac{6}{5}\int_0^{2R} \frac{F_y}{GS}\mathrm{d}z + \int_0^{2R} \frac{F_y(2R-z)^2}{EI_x}\mathrm{d}z \tag{4.5}$$

$$\delta_z^{F_z} = \int_0^{2R} \frac{F_z}{ES}\mathrm{d}z$$

式中：$I_x = \dfrac{hw^3}{12}$；$I_y = \dfrac{h^3 w}{12}$；$S = wh$；E 为弹性模量；G 为切变模量。

由 M_x，M_y 引起梁末端在 x，y 轴方向的位移为

$$\delta_x^{M_y} = \int_0^{2R} \frac{M_y(2R-z)}{EI_y}\mathrm{d}z$$

$$\delta_y^{M_x} = \int_0^{2R} \frac{M_x(2R-z)}{EI_x}\mathrm{d}z \tag{4.6}$$

由 M_x，M_y，M_z 引起梁末端在 x，y，z 轴三个方向的转角为

$$\theta_x^{M_x} = \int_0^{2R} \frac{M_x}{EI_x}\mathrm{d}z$$

$$\theta_y^{M_y} = \int_0^{2R} \frac{M_y}{EI_y}\mathrm{d}z \tag{4.7}$$

$$\theta_z^{M_z} = \int_0^{2R} \frac{M_z}{GI_z}\mathrm{d}z$$

式中：I_z 是弹性梁在 z 轴方向的抗扭常数。

由 F_x 和 F_y 引起梁末端在 x 和 y 轴方向的转角为

$$\theta_x^{F_y} = \int_0^{2R} \frac{F_y(2R-z)}{EI_x}\mathrm{d}z$$

$$\theta_y^{F_x} = \int_0^{2R} \frac{F_x(2R-z)}{EI_y}\mathrm{d}z \tag{4.8}$$

梁末端在 x，y，z 轴三个方向的总位移为

$$\delta_x = \delta_x^{F_x} + \delta_x^{M_y} = \frac{6}{5}\int_0^{2R}\frac{F_x}{GS}\mathrm{d}z + \int_0^{2R}\frac{F_x(2R-z)^2}{EI_y}\mathrm{d}z + \int_0^{2R}\frac{M_y(2R-z)}{EI_y}\mathrm{d}z$$

$$(4.9)$$

$$\delta_y = \delta_y^{F_y} + \delta_y^{M_x} = \frac{6}{5}\int_0^{2R}\frac{F_y}{GS}\mathrm{d}z + \int_0^{2R}\frac{F_y(2R-z)^2}{EI_x}\mathrm{d}z + \int_0^{2R}\frac{M_x(2R-z)}{EI_x}\mathrm{d}z$$

$$(4.10)$$

$$\delta_z = \delta_z^{F_z} = \int_0^{2R}\frac{F_z}{ES}\mathrm{d}z \qquad (4.11)$$

梁末端在 x，y，z 轴三个方向的总转角为

$$\theta_x = \theta_x^{M_x} + \theta_x^{F_y} = \int_0^{2R}\frac{M_x}{EI_x}\mathrm{d}z + \int_0^{2R}\frac{F_y(2R-z)}{EI_x}\mathrm{d}z \qquad (4.12)$$

$$\theta_y = \theta_y^{M_y} + \theta_y^{F_x} = \int_0^{2R}\frac{M_y}{EI_y}\mathrm{d}z + \int_0^{2R}\frac{F_x(2R-z)}{EI_y}\mathrm{d}z \qquad (4.13)$$

$$\theta_z = \theta_z^{M_z} = \int_0^{2R}\frac{M_z}{GI_z}\mathrm{d}z \qquad (4.14)$$

经计算可得

$$\delta_x = \frac{6R^2}{Eh^3}\left[1 + \frac{1}{10}\frac{E}{G}\left(\frac{h}{R}\right)^2\frac{I_1}{I_2}\right]I_2 F_x + \frac{6R}{Eh^3}I_1 M_y \qquad (4.15)$$

$$\delta_y = \frac{3}{2Eh}\left(1 + \frac{2}{5}\frac{E}{G}\frac{I_1}{I_4}\right)I_4 F_y - \frac{3}{2ERh}I_3 M_x \qquad (4.16)$$

$$\delta_z = \frac{1}{2Eh}I_1 F_z \qquad (4.17)$$

$$\theta_x = -\frac{3}{2ERh}I_3 F_y + \frac{3}{2ER^2 h}I_3 M_x \qquad (4.18)$$

$$\theta_y = \frac{6R}{Eh^3}I_1 F_x + \frac{6}{Eh^3}I_1 M_y \qquad (4.19)$$

式中：

$$I_1 = \int_{-1}^{1}\frac{\mathrm{d}y}{1+\tau-\sqrt{1-y^2}} = \frac{4(1+\tau)}{\sqrt{\tau(2+\tau)}}\arctan\sqrt{1+\frac{2}{\tau}} - \pi$$

$$I_2 = \int_{-1}^{1} \frac{(1+y^2)\,\mathrm{d}y}{1+\tau-\sqrt{1-y^2}} = \frac{\pi}{2} + 2(1+\tau) + (1-2\tau-\tau^2)I_1$$

$$I_3 = \int_{-1}^{1} \frac{\mathrm{d}y}{(1+\tau-\sqrt{1-y^2})^3}$$

$$= \frac{(3+4\tau+2\tau^2)(2+\tau)\sqrt{\tau} + 6\sqrt{2+\tau}\,(1+\tau)^2 \arctan\left(\sqrt{1+\dfrac{2}{\tau}}\,\right)}{(2+\tau)^3(1+\tau)\tau^2\sqrt{\tau}}$$

$$I_4 = \int_{-1}^{1} \frac{(1+y^2)\,\mathrm{d}y}{(1+\tau-\sqrt{1-y^2})^3}$$

$$= \frac{1}{2}\cdot\frac{\mathrm{d}^2 I_2}{\mathrm{d}\tau^2}$$

$$= (1-2\tau-\tau^2)I_3 - I_1 - 2(1+\tau)\frac{\mathrm{d}I_1}{\mathrm{d}\tau}$$

$$= \frac{1}{\tau^2\sqrt{\tau}}\left[\frac{3+6\tau+11\tau^2+8\tau^3+2\tau^4+\pi(2+\tau)^2(1+\tau)\tau^2}{(2+\tau)^2(1+\tau)}\sqrt{\tau}\right]$$

$$+ \frac{1}{\tau^2\sqrt{\tau}}\left[\frac{2(1+\tau)(6+7\tau-12\tau^2-23\tau^3-12\tau^4-2\tau^5)}{(2+\tau)^3\sqrt{2+\tau}}\arctan\sqrt{1+\frac{2}{\tau}}\right]$$

式中：$\tau = \dfrac{\delta}{2R}$。

4.3.1 柱体的抗扭常数

柱体的扭转符合如下关系[68]：

$$M_z = G\alpha I_z \tag{4.20}$$

式中：I_z 为抗扭常数；M_z 为扭转力矩；G 为切变模量；α 为扭转角。

抗扭常数表示如下[68]：

$$I_z = 2\iint_S \varphi(x,y)\,\mathrm{d}x\mathrm{d}y \tag{4.21}$$

式中：$\varphi(x,y)$ 为应力函数；S 为柱体截面。

对于矩形截面（截面长为 $2b$，宽为 $2a$）柱体来说，应力函数 $\varphi(x,y)$ 应适合下列方程及边界条件[68]：

$$\frac{\partial^2 \varphi}{\partial x^2} + \frac{\partial^2 \varphi}{\partial y^2} = -2 \qquad (4.22)$$

$$\begin{cases} x = \pm a \, , \, \varphi = 0 \\ y = \pm b \, , \, \varphi = 0 \end{cases} \qquad (4.23)$$

因为 x 轴和 y 轴是截面对称轴，所以 φ 是 x 和 y 的偶函数。根据式 (4.23)，φ 可展成如下级数：

$$\varphi = \sum_{n=1,3,5,\cdots}^{\infty} Y_n(y)\cos\frac{n\pi x}{2a} \qquad (4.24)$$

把式 (4.22) 的右边展成傅氏级数形式：

$$-2 = \sum_{n=1,3,5,\cdots}^{\infty} \frac{8}{n\pi}(-1)^{\frac{n-1}{2}}\cos\frac{n\pi x}{2a} \qquad (4.25)$$

把式 (4.24) 代入式 (4.22) 中，并应用式 (4.25)，得

$$Y_n'' - \frac{n^2\pi^2}{4a^2}Y_n = -\frac{8}{n\pi}(-1)^{\frac{n-1}{2}}$$

这个常微分方程的解为

$$Y_n = A\,\mathrm{sh}\,\frac{n\pi y}{2a} + B\,\mathrm{ch}\,\frac{n\pi y}{2a} + \frac{32a^2}{n^3\pi^3}(-1)^{\frac{n-1}{2}} \qquad (4.26)$$

因为 φ 是 y 的偶函数，所以上式中的积分常数 A 是 0。常数 B 可以根据边界确定，即

$$Y_{n\,y=\pm b} = 0$$

因此可得

$$B = -\frac{1}{\mathrm{ch}\,\dfrac{n\pi b}{2a}}\frac{32a^2}{n^3\pi^3}(-1)^{\frac{n-1}{2}}$$

应力函数为

$$\varphi(x,y) = \frac{32a^2}{\pi^3} \sum_{n=1,3,5,\cdots}^{\infty} \frac{1}{n^3} (-1)^{\frac{n-1}{2}} \left[1 - \frac{\mathrm{ch}\frac{n\pi y}{2a}}{\mathrm{ch}\frac{n\pi b}{2a}} \right] \cos\frac{n\pi x}{2a} \quad (4.27)$$

于是，抗扭常数为

$$I_z = 2\iint_S \varphi \mathrm{d}x\mathrm{d}y = 2\iint_S \frac{32a^2}{\pi^3} \sum_{n=1,3,5,\cdots}^{\infty} \frac{1}{n^3} (-1)^{\frac{n-1}{2}} \left[1 - \frac{\mathrm{ch}\frac{n\pi y}{2a}}{\mathrm{ch}\frac{n\pi b}{2a}} \right] \cos\frac{n\pi x}{2a} \mathrm{d}x\mathrm{d}y$$

$$= \frac{64a^2}{\pi^3} \sum_{n=1,3,5,\cdots}^{\infty} \frac{1}{n^3} (-1)^{\frac{n-1}{2}} \iint_S \left[1 - \frac{\mathrm{ch}\frac{n\pi y}{2a}}{\mathrm{ch}\frac{n\pi b}{2a}} \right] \cos\frac{n\pi x}{2a} \mathrm{d}x\mathrm{d}y$$

$$= \frac{512a^3 b}{\pi^4} \sum_{n=1,3,5,\cdots}^{\infty} \frac{1}{n^4} \left(1 - \frac{2a}{n\pi b}\mathrm{th}\frac{n\pi b}{2a} \right) \quad (4.28)$$

对于硅弹性梁，把 $a = \frac{h}{2}$，$b = \frac{w}{2}$ 代入上式，得弹性梁在 Z 轴方向的

抗扭系数为

$$I_z = \frac{512 \left(\frac{h}{2}\right)^3 \frac{w}{2}}{\pi^4} \sum_{n=1,3,5,\cdots}^{\infty} \frac{1}{n^4} \left(1 - \frac{2h}{n\pi w}\mathrm{th}\frac{n\pi w}{2h} \right)$$

$$= 0.328\,5h^3 w \sum_{n=1,3,5,\cdots}^{\infty} \frac{1}{n^4} \left(1 - \frac{2h}{n\pi w}\mathrm{th}\frac{n\pi w}{2h} \right)$$

$$\approx \frac{1}{3} h^3 w \quad (4.29)$$

4.3.2 弹性梁的扭转刚度系数

把式（4.29）代入式（4.14）中，得

$$\theta_z = \int_0^{2R} \frac{M_z}{GI_z} \mathrm{d}z = \frac{M_z}{G} \int_0^{2R} \frac{\mathrm{d}z}{I_z} \approx \frac{3M_z}{Gh^3} \int_0^{2R} \frac{\mathrm{d}z}{w}$$

$$= \frac{3M_z}{Gh^3} \int_0^{2R} \frac{\mathrm{d}z}{\delta + 2\left[R - \sqrt{R^2 - (z-R)^2}\right]}$$

设 $x = \dfrac{z}{R}$，$q = \dfrac{\delta}{2R} + 1$，

$$\int_0^{2R} \frac{\mathrm{d}z}{\delta + 2\left[R - \sqrt{R^2 - (z-R)^2}\right]}$$

$$= \frac{1}{2} \int_0^2 \frac{\mathrm{d}x}{q - \sqrt{1 - (x-1)^2}}$$

$$= \frac{2q}{\sqrt{(q+1)(q-1)}} \arctan \sqrt{\frac{q+1}{q-1}} - \frac{\pi}{2}$$

故有

$$\theta_z = \frac{3M_z}{Gh^3} \left[\frac{2q}{\sqrt{(q+1)(q-1)}} \arctan \sqrt{\frac{q+1}{q-1}} - \frac{\pi}{2} \right]$$

$$= \frac{3M_z}{Gh^3} \left[\frac{2(1+\tau)}{\sqrt{\tau(2+\tau)}} \arctan \sqrt{1 + \frac{2}{\tau}} - \frac{\pi}{2} \right] \tag{4.30}$$

考虑到硅振动元件的双梁结构，由式（4.30）得硅振动元件弹性扭转刚度为

$$K_T = \frac{2Gh^3}{3} \frac{1}{\left[\dfrac{2(2R+\delta)}{\sqrt{\delta(2R+\delta)}} \arctan \left(\sqrt{1 + \dfrac{4R}{\delta}} \right) - \dfrac{\pi}{2} \right]} \tag{4.31}$$

把梁尺寸 $R = 0.3\ \mathrm{mm}$，$\delta = 0.4\ \mathrm{mm}$，$h = 0.052\ \mathrm{mm}$ 和材料常数 $E = 1.1 \times 10^{11}\ \mathrm{N/m^2}$，$G = 5.1 \times 10^{10}\ \mathrm{N/m^2}$，代入式（4.30）中，计算得

$$K_T = 24.7658 \times 10^{-4}\ \mathrm{N \cdot m/rad}$$

4.4 硅振动元件的振动阻尼

4.4.1 微间隙压膜阻尼

在由上下极板和中间硅振动元件构成的"三明治"敏感元件中，两边的电极极板和中间的振动质量形成电容器，它们之间的间隙为 d，其间充有氮气，在质量振动时要受到气体压膜阻尼的作用。

由于板的横向尺寸远大于间距，两板间的气体在质量运动时将沿板的横向形成压力梯度，该压力梯度形成质量运动的阻尼力，如图 4.6 所示。现分析长为 a、宽为 b 的相对固定平板以 u 的速度运动时气体对它的阻尼力。

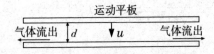

图 4.6 平行板压膜阻尼示意图

极板间气体压力梯度可以通过解 Navier-Stokes 方程获得，但该方程比较复杂，对方程简化，得[69]

$$\frac{\partial^2 P}{\partial x^2} + \frac{\partial^2 P}{\partial y^2} = -\frac{12\eta}{d^3}u \tag{4.32}$$

边界条件为

$$\begin{cases} P\left(-\dfrac{a}{2},y\right)= P\left(\dfrac{a}{2},y\right)= 0 \\[3mm] P\left(x,-\dfrac{b}{2}\right)= P\left(x,\dfrac{b}{2}\right)= 0 \\[3mm] \dfrac{\partial P}{\partial x}(0,y)= \dfrac{\partial P}{\partial y}(x,0)= 0 \end{cases} \quad (4.33)$$

式中：P 为压强；η 为气体黏滞系数。

为了解方程（4.32），设 $P=P_1+P_0$，

$$P_1 =-\frac{6\eta}{d^3}\left[x^2 -\left(\frac{a}{2}\right)^2\right]V = 1.5\,\frac{\eta a^2}{d^3}\left[1-\left(\frac{2x}{a}\right)^2\right]u \quad (4.34)$$

把式（4.34）代入式（4.32）和式（4.33）中，得

$$\frac{\partial^2 P_0}{\partial x^2}+\frac{\partial^2 P_0}{\partial y^2}= 0 \quad (4.35)$$

$$\frac{\partial P_0}{\partial x}(0,y)= \frac{\partial P_0}{\partial y}(x,0)= 0$$

$$P_0\left(-\frac{a}{2},y\right)= P_0\left(\frac{a}{2},y\right)= 0 \quad (4.36)$$

$$P_0\left(x,-\frac{b}{2}\right)= P_0\left(x,\frac{b}{2}\right)=- P_1$$

方程（4.35）的解为

$$P_0 = \frac{4}{a}\sum_{n=1}^{\infty}\left(\mathrm{ch}\,\frac{2n-1}{a}\pi y\int_{-\frac{a}{2}}^{\frac{a}{2}} P_1\cos\frac{2n-1}{a}\pi x\,\mathrm{d}x\right)\frac{\cos\dfrac{2n-1}{a}\pi x}{\mathrm{ch}\,\dfrac{2n-1}{a}\pi\dfrac{b}{2}}$$

$$(4.37)$$

这样，

$$P = \frac{48}{\pi^3}\cdot\frac{\eta a^2}{d^3}\sum_{n=1}^{\infty}\frac{(-1)^{n-1}}{(2n-1)^3}\left[1-\frac{\mathrm{ch}\,\dfrac{2n-1}{a}\pi y}{\mathrm{ch}\,\dfrac{2n-1}{a}\pi\dfrac{b}{2}}\right]\cos\left(\frac{2n-1}{a}\pi x\right)u$$

$$(4.38)$$

对上式进行近似计算（只取第一项）得

$$P = \frac{48}{\pi^3} \cdot \frac{\eta a^2}{d^3} \left[1 - \frac{\mathrm{ch}\left(\frac{\pi y}{a}\right)}{\mathrm{ch}\left(\frac{\pi b}{2a}\right)} \right] \cos\left(\frac{\pi x}{a}\right) u$$

$$= 1.548 \left[1 - \frac{1}{\mathrm{ch}\left(\frac{\pi b}{2a}\right)} \right] \cdot \frac{\eta a^2}{d^3} \cdot \frac{\mathrm{ch}\left(\frac{\pi b}{2a}\right) - \mathrm{ch}\left(\frac{\pi y}{a}\right)}{\mathrm{ch}\left(\frac{\pi b}{2a}\right) - 1} \cos\left(\frac{\pi x}{a}\right) u \quad (4.39)$$

气体对运动平板产生的阻尼力为

$$F = \int_0^a \left(\int_0^b P(x,y)\,\mathrm{d}y \right) \mathrm{d}x$$

力阻尼系数为

$$D_0 = \frac{F}{u} = \frac{\int_0^a \left(\int_0^b P(x,y)\,\mathrm{d}y \right) \mathrm{d}x}{u}$$

力矩阻尼系数为

$$D = \frac{M}{\dot{\alpha}} = \frac{1}{\dot{\alpha}} \int_0^a \left(\int_0^b P(x,y)\,\mathrm{d}y \right) x\,\mathrm{d}x$$

由式（4.39），阻尼力为

$$F = \int_{-\frac{b}{2}}^{\frac{b}{2}} \left(\int_{-\frac{a}{2}}^{\frac{a}{2}} P(x,y)\,\mathrm{d}x \right) \mathrm{d}y$$

$$= 1.548 \left[1 - \frac{1}{\mathrm{ch}\left(\frac{\pi b}{2a}\right)} \right] \cdot \frac{\eta a^2}{d^3} u \int_{-\frac{a}{2}}^{\frac{a}{2}} \cos\left(\frac{\pi x}{a}\right) \mathrm{d}x \cdot \int_{-\frac{b}{2}}^{\frac{b}{2}} \frac{\mathrm{ch}\left(\frac{\pi b}{2a}\right) - \mathrm{ch}\left(\frac{\pi y}{a}\right)}{\mathrm{ch}\left(\frac{\pi b}{2a}\right) - 1} \mathrm{d}y$$

$$= 1.548 \left[1 - \frac{1}{\mathrm{ch}\left(\frac{\pi b}{2a}\right)} \right] \cdot \frac{\eta a^2}{d^3} \frac{2a}{\pi} \cdot b \frac{\mathrm{ch}\left(\frac{\pi b}{2a}\right) - \frac{2a}{\pi b}\mathrm{sh}\left(\frac{\pi b}{2a}\right)}{\mathrm{ch}\left(\frac{\pi b}{2a}\right) - 1} u$$

$$= \chi\left(\frac{a}{b}\right) \cdot \frac{\eta a^3 b}{d^3} u \quad (4.40)$$

式中：

$$\chi\left(\frac{a}{b}\right)=\frac{96}{\pi^4}\left(1-\frac{2a}{\pi b}\text{th}\frac{\pi b}{2a}\right)=0.986\left[1-0.692\frac{a}{b}+0.108\left(\frac{a}{b}\right)^2\right]$$

阻尼系数为

$$D_0=\frac{F}{u}=\chi\left(\frac{a}{b}\right)\eta\frac{a^3b}{d^3} \tag{4.41}$$

阻尼力产生的力矩为

$$M=\int_{-\frac{b}{2}}^{\frac{b}{2}}\left[\int_{-\frac{a}{2}}^{\frac{a}{2}}P(x,y)(x_c+x)\mathrm{d}x\right]\mathrm{d}y$$

$$=1.548\lambda\left(\frac{a}{b}\right)\cdot\frac{\eta a^2}{d^3}\dot\alpha\int_{-\frac{a}{2}}^{\frac{a}{2}}\cos\left(\frac{\pi x}{a}\right)(x_c+x)^2\mathrm{d}x\cdot\int_{-\frac{b}{2}}^{\frac{b}{2}}\frac{\text{ch}\left(\frac{\pi b}{2a}\right)-\text{ch}\left(\frac{\pi y}{a}\right)}{\text{ch}\left(\frac{\pi b}{2a}\right)-1}\mathrm{d}y$$

$$=1.548\lambda\left(\frac{a}{b}\right)\cdot\frac{\eta a^2}{d^3}\frac{2a}{\pi}\left[x_c^2+a^2\left(\frac{1}{2}-\frac{4}{\pi^2}\right)\right]\cdot b\cdot\frac{\text{ch}\left(\frac{\pi b}{2a}\right)-\frac{2a}{\pi b}\text{sh}\left(\frac{\pi b}{2a}\right)}{\text{ch}\left(\frac{\pi b}{2a}\right)-1}\cdot\dot\alpha$$

$$=\chi\left(\frac{a}{b}\right)\cdot\frac{\eta a^3b\left(x_c^2+\frac{a^2}{10.56}\right)}{d^3}\dot\alpha \tag{4.42}$$

力矩阻尼系数为

$$D=\chi\left(\frac{a}{b}\right)\cdot\frac{\eta a^3b\left(x_c^2+\frac{a^2}{10.56}\right)}{d^3} \tag{4.43}$$

式中：x_c 为阻尼求解面积中心距硅振动元件扭转轴的距离。

4.4.2　力矩阻尼系数的计算

精确计算阻尼系数难度大，为简化计算难度，我们把硅质量分成许多区域，分别计算每个区域的阻尼，然后加起来。对每个区域的阻尼又是以每块面积的中心到极板间距作为平均间隙代入进行计算的。

把硅振动质量划分成Ⅰ、Ⅱ、Ⅲ、Ⅳ、Ⅴ五个阻尼区域，如图4.7所示，下面分别对这五个区域求阻尼。

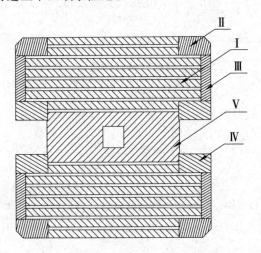

图4.7 阻尼区域

（1）对于Ⅰ区域，$\chi\left(\dfrac{a}{b}\right)\approx1$，由式（4.43）得力矩阻尼系数为

$$D_1 = 2\times\frac{\eta\,(a_4-a_5)^3 b_2\left[\left(\dfrac{a_6-a_4+a_5}{2}\right)^2+\dfrac{1}{20}\,(a_4-a_5)^2\right]}{\left(d-\dfrac{a_6-a_4+a_5}{2}\alpha\right)^3}$$

$$+\,2\times\frac{\eta\,(a_4-a_5)^3 b_2\left[\left(\dfrac{a_6-3a_4+a_5}{2}\right)^2+\dfrac{1}{20}\,(a_4-a_5)^2\right]}{\left(d-\dfrac{a_6-3a_4+a_5}{2}\alpha\right)^3}$$

$$+\,2\times\frac{\eta\,(a_4-a_5)^3 b_3\left[\left(\dfrac{a_6-5a_4+a_5}{2}\right)^2+\dfrac{1}{20}\,(a_4-a_5)^2\right]}{\left(d-\dfrac{a_6-5a_4+a_5}{2}\alpha\right)^3}$$

$$+\,2\times\frac{\eta\,(a_4-a_5)^3 b_3\left[\left(\dfrac{a_6-7a_4+a_5}{2}\right)^2+\dfrac{1}{20}\,(a_4-a_5)^2\right]}{\left(d-\dfrac{a_6-7a_4+a_5}{2}\alpha\right)^3}$$

$$+2\times\frac{\eta\,(a_4-a_5)^3b_3\Big[\Big(\dfrac{a_6-9a_4+a_5}{2}\Big)^2+\dfrac{1}{20}\,(a_4-a_5)^2\Big]}{\Big(d-\dfrac{a_6-9a_4+a_5}{2}\alpha\Big)^3}$$

$$+2\times\frac{\eta\,(a_4-a_5)^3b_3\Big[\Big(\dfrac{a_6-11a_4+a_5}{2}\Big)^2+\dfrac{1}{20}\,(a_4-a_5)^2\Big]}{\Big(d-\dfrac{a_6-11a_4+a_5}{2}\alpha\Big)^3}$$

$$+2\times\frac{\eta\,(a_4-a_5)^3b_2\Big[\Big(\dfrac{a_6-13a_4+a_5}{2}\Big)^2+\dfrac{1}{20}\,(a_4-a_5)^2\Big]}{\Big(d-\dfrac{a_6-13a_4+a_5}{2}\alpha\Big)^3}$$

$$\tag{4.44}$$

（2）对于 Ⅱ 区域，把参数 $a=2a_4-a_5$ ， $b=\dfrac{b_5-b_2}{2}$ ， $x_c=\dfrac{a_6}{2}-\dfrac{2a_4-a_5}{2}$ 代入式（4.42），求得力矩阻尼系数为

$$D_2\approx 4\times\chi\Big(\frac{a}{b}\Big)$$

$$\times\frac{\eta\,(2a_4-a_5)^2\Big[(2a_4-a_5)\Big(\dfrac{b_5-b_2}{2}\Big)-\dfrac{a_0^2}{2}\Big]\Big[\Big(\dfrac{a_6-2a_4+a_5}{2}\Big)^2+\dfrac{(2a_4-a_5)^2}{10.56}\Big]}{\Big[d-\Big(\dfrac{a_6-2a_4+a_5}{2}\Big)\alpha\Big]^3}$$

$$\tag{4.45}$$

式中： $\chi\Big(\dfrac{a}{b}\Big)=0.986\Big[1-0.692\,\dfrac{4a_4-2a_5}{b_5-b_2}+0.108\,\Big(\dfrac{4a_4-2a_5}{b_5-b_2}\Big)^2\Big]$ 。

（3）对于 Ⅲ 区域， $\chi\Big(\dfrac{a}{b}\Big)\approx 1$ ，把参数 $a=4a_4+a_5$ ， $b=\dfrac{b_5-b_3}{2}$ ， $x_c=\dfrac{a_6}{2}-\Big(4a_4-\dfrac{a_5}{2}\Big)$ 代入式（4.43），力矩阻尼系数为

$$D_3=4\times\frac{\eta(4a_4+a_5)\Big(\dfrac{b_5-b_3}{2}\Big)^3\Big[\Big(\dfrac{a_6+a_5}{2}-4a_4\Big)^2+\dfrac{1}{12}\,(4a_4+a_5]^2\Big)}{\Big[d-\Big(\dfrac{a_6+a_5}{2}-4a_4\Big)\alpha\Big]^3}$$

$$\tag{4.46}$$

（4）对于 IV 区域，代入参数 $a = \dfrac{a_6}{2} - 6a_4 - \dfrac{a_2}{2}$ ，$b = b_4$ ，$x_c = \dfrac{a_2}{2} +$

$\dfrac{1}{2}\left(\dfrac{a_6}{2} - 6a_4 - \dfrac{a_2}{2}\right)$ ，求得力矩阻尼系数为

$$D_4 = 4 \times \chi\left(\frac{a}{b}\right)$$

$$\times \frac{\eta\left(\dfrac{a_6 - 12a_4 - a_2}{2}\right)^3 b_4\left[\left(\dfrac{a_6 + a_2}{4} - 3a_4\right)^2 + \dfrac{\left(\dfrac{a_6 - 12a_4 - a_2}{2}\right)^2}{10.56}\right]}{\left[d - \left(\dfrac{a_6 + a_2}{4} - 3a_4\right)\alpha\right]^3}$$

$$(4.47)$$

式中：$\chi\left(\dfrac{a}{b}\right) = 0.986\left[1 - 0.692\dfrac{a_6 - 12a_4 - a_2}{2b_4} + 0.108\left(\dfrac{a_6 - 12a_4 - a_2}{2b_4}\right)^2\right]$。

（5）对于 V 区域，力矩阻尼系数为

$$D_5 = 4 \times \chi\left(\frac{a}{b}\right) \cdot \frac{\eta\left(\dfrac{a_3}{2}\right)^3\left(\dfrac{b_5 - b_1}{2} - b_4\right)\left[\left(\dfrac{a_3}{4}\right)^2 + \dfrac{\left(\dfrac{a_3}{2}\right)^2}{10.56}\right]}{\left(d - \alpha\dfrac{a_3}{4}\right)^3}$$

$$+ 2 \times \frac{\eta\left(\dfrac{a_3 - a_1}{2}\right)^3 b_1\left[\left(\dfrac{a_3 + a_1}{4}\right)^2 + \dfrac{1}{20}\left(\dfrac{a_3 - a_1}{2}\right)^2\right]}{\left(d - \alpha\dfrac{a_3 + a_1}{4}\right)^3} \qquad (4.48)$$

式中：$\chi\left(\dfrac{a}{b}\right) = 0.986\left[1 - 0.692\dfrac{a_3}{b_5 - b_1 - 2b_4} + 0.108\left(\dfrac{a_3}{b_5 - b_1 - 2b_4}\right)^2\right]$。

把硅质量的结构尺寸代入力矩阻尼系数的计算式中，计算得：

$$D_1 = \frac{141.50627988\eta}{(d - 6.725\alpha)^3} + \frac{111.71116275\eta}{(d - 5.975\alpha)^3} + \frac{114.525379\eta}{(d - 5.225\alpha)^3} + \frac{84.02385\eta}{(d - 4.475\alpha)^3}$$

$$+ \frac{63.0186739875\eta}{(d - 3.875\alpha)^3} + \frac{37.1709867\eta}{(d - 2.975\alpha)^3} + \frac{20.81965\eta}{(d - 2.225\alpha)^3}$$

$$D_2 \approx \frac{463.51618323955\eta}{(d-6.35\alpha)^3}$$

$$D_3 = \frac{77.5491\eta}{(d-4.1\alpha)^3}$$

$$D_4 = \frac{324.423423354\eta}{(d-1.85\alpha)^3},$$

$$D_5 = \frac{92.1106074\eta}{(d-0.875\alpha)^3} + \frac{4.8375\eta}{(d-1.25\alpha)^3}$$

以上阻尼系数的单位为 $10^{-9}\ \mathrm{kg \cdot m^2/s}$。

硅振动元件角振动阻尼系数为

$$D = D_1 + D_2 + D_3 + D_4 + D_5$$

$$
\begin{aligned}
= & \frac{141.50627988\eta}{(d-6.725\alpha)^3} + \frac{111.71116275\eta}{(d-5.975\alpha)^3} + \frac{114.525379\eta}{(d-5.225\alpha)^3} \\
& + \frac{84.02385\eta}{(d-4.475\alpha)^3} + \frac{63.0186739875\eta}{(d-3.875\alpha)^3} + \frac{37.1709867\eta}{(d-2.975\alpha)^3} \\
& + \frac{20.81965\eta}{(d-2.225\alpha)^3} + \frac{463.51618323955\eta}{(d-6.35\alpha)^3} + \frac{77.5491\eta}{(d-4.1\alpha)^3} \\
& + \frac{324.423423354\eta}{(d-1.85\alpha)^3} + \frac{92.1106074\eta}{(d-0.875\alpha)^3} + \frac{4.8375\eta}{(d-1.25\alpha)^3} \quad (4.49)
\end{aligned}
$$

氮气在室温（$t=20℃$）下，黏滞系数为 $\eta = 1.732 \times 10^{-5}$，实际结构中，$d = 25\ \mu\mathrm{m}$（见第九章 9.4 节），由式（4.49）计算得"阻尼系数 D-摆角 α"关系曲线，如图 4.8 所示。

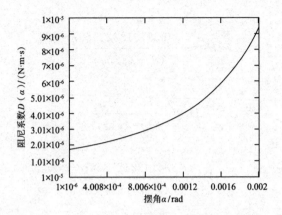

图 4.8 d 不同时，阻尼系数 D-摆角 α 关系曲线

当 $\alpha = 0$ 时，阻尼系数 $D = 1.769 \times 10^{-6}$ N·m·s/rad；

当 $\alpha = 0.001$ rad 时，阻尼系数 $D = 3.4 \times 10^{-6}$ N·m·s/rad；

当 $\alpha = 0.002$ rad 时，阻尼系数 $D = 9.476 \times 10^{-6}$ N·m·s/rad。

本章小结

（1）根据陀螺的数学模型，本章论证了旋转驱动陀螺敏感元件结构，确定了硅振动元件的结构尺寸。

（2）求解陀螺动力学方程中出现的转动惯量和弹性梁的扭转刚度系数的解析表达式，结合硅振动元件结构尺寸，计算得到沿 x，y，z 三轴的转动惯量分别为

$$J_X = 1.91177 \times 10^{-9} \ \text{kg} \cdot \text{m}^2$$

$$J_{\dot{Y}} = 2.027814 \times 10^{-9} \ \text{kg} \cdot \text{m}^2$$

$$J_Z = 3.9372 \times 10^{-9} \ \text{kg} \cdot \text{m}^2$$

弹性梁的扭转刚度系数为

$$K_{\text{T}} = 24.7658 \times 10^{-4} \ \text{N} \cdot \text{m/rad}$$

（3）分析陀螺硅振动元件的阻尼问题，对微间隙的压膜阻尼进行求解，计算得到硅振动元件力矩阻尼系数的表达式。结合敏感元件的结构尺寸，计算得到阻尼系数：

当 $\alpha = 0$ 时，阻尼系数 $D = 1.769 \times 10^{-6} \ \text{N} \cdot \text{m} \cdot \text{s/rad}$；

当 $\alpha = 0.001 \ \text{rad}$ 时，阻尼系数 $D = 3.4 \times 10^{-6} \ \text{N} \cdot \text{m} \cdot \text{s/rad}$；

当 $\alpha = 0.002 \ \text{rad}$ 时，阻尼系数 $D = 9.476 \times 10^{-6} \ \text{N} \cdot \text{m} \cdot \text{s/rad}$。

第五章　电容敏感

　　旋转驱动陀螺的敏感方式一般有电容式、压阻式、压电式、磁光变换器等，其中较多的是电容敏感。电容敏感的特点是"电容-电压"的变换机理对温度变化不敏感，有极佳的灵敏度，制造工艺简单并与微加工工艺兼容等。对于本书所介绍的陀螺来说，采用电容敏感方式，可以简化加工工艺，容易实现批量生产，降低生产成本。

　　由第三章内容可知道，陀螺被测角速度 Ω 的大小以硅振动元件的摆角 α 表示出来，本章是将摆角 α 以电容的形式表示出来，最终通过"$C-V$"变换将电容信号变换为电压信号，再输入信号处理电路。为此，本章通过计算，给出了敏感电容与 α 的关系、输出电压与敏感电容的关系，最后得到输出电压与 α 的关系。

　　由于加在电容两极间有激励电压，所以在硅质量上除了惯性力作用以外，还存在静电力。静电力是非线性的，当硅振动元件的角振动幅度大于某个极限值的时候，硅振动元件和电极之间有可能产生静电吸合，因此，有必要分析静电吸合对硅质量振动的影响。

5.1　电容敏感

　　敏感元件是由硅振动元件和上下极板构成的"三明治"结构。上下极板各蒸镀两个分离的金属电极，它们和硅振动元件之间构成四个敏感电容器 C_1，C_2，C_3，C_4，如图 5.1 所示。当陀螺随载体以角速率 $\dot{\varphi}$ 旋转的同时又有偏航或俯仰角速率 Ω 输入时，陀螺敏感元件的硅质量就做角振动，从而引起四个电容的变化。把电容变化信号转换成电压变化信号之后再放大，便得到和被测角速度 Ω 相关的电压信号，如图 5.2 所示。图中 V_S 为高频激励电压，V_1 为电容器 C_2 和 C_3 上的电压，V_2 为电容器 C_1 和 C_4 上的电压，电阻 $R_1 = R_2 = R$。

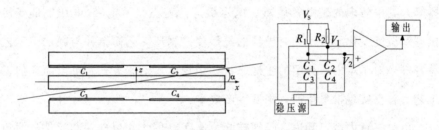

图 5.1　电容敏感方式　　　　　图 5.2　信号提取方法

电容值可表示为如下积分形式：

$$C = \int_{r_1}^{r_2} \frac{\varepsilon \Delta b}{d + \alpha r} \mathrm{d}r = \frac{\varepsilon \Delta b}{\alpha} \ln\left(1 + \frac{\dfrac{r_2 - r_1}{d}}{1 + \dfrac{r_1}{d}\alpha}\alpha\right) \tag{5.1}$$

式中：ε 为空气介电常数；d 为硅质量和电极间的间隙；α 为硅质量的摆角；Δb 为电容有效面积的宽度；r 为被计算电容面积处到弹性转轴的距离；r_1 和 r_2 分别为电容有效面积的两边到弹性转轴的距离。

由于条形阻尼槽的宽度相对较小，再加边缘效应，在计算电容的时候不考虑硅质量上的条形阻尼槽的面积。把硅质量的结构参数代入式（5.1），计算得

$$C(d,\alpha) =$$

$$\frac{\varepsilon}{\alpha}\left[b_5\ln\left(1+\frac{\frac{a_6-a_2}{2d}}{1+\frac{a_2}{2d}}\alpha\right)+(b_5-2b_4-b_1)\ln\left(1+\frac{a_2}{2d}\alpha\right)+b_1\ln\left(1+\frac{\frac{a_2-a_1}{2d}}{1+\frac{a_1}{2d}}\alpha\right)\right]$$

$$(5.2)$$

硅质量没有摆动（$\alpha=0$）时，$C_1=C_2=C_3=C_4=C_0$。

$$C_0=\varepsilon\left[b_5\left(\frac{a_6-a_2}{2d}\right)+(b_5-2b_4-b_1)\left(\frac{a_2}{2d}\right)+b_1\left(\frac{a_2-a_1}{2d}\right)\right]$$

硅质量有摆动时，由式（5.2），四个电容器的电容分别为

$C_1=C_4$

$$=\frac{\varepsilon}{\alpha}\left[b_5\ln\left(1+\frac{\frac{a_6-a_2}{2d}}{1+\frac{a_2}{2d}}\alpha\right)+(b_5-2b_4-b_1)\ln\left(1+\frac{a_2}{2d}\alpha\right)+b_1\ln\left(1+\frac{\frac{a_2-a_1}{2d}}{1+\frac{a_1}{2d}}\alpha\right)\right]$$

$C_2=C_3$

$$=-\frac{\varepsilon}{\alpha}\left[b_5\ln\left(1-\frac{\frac{a_6-a_2}{2d}}{1-\frac{a_2}{2d}}\alpha\right)+(b_5-2b_4-b_1)\ln\left(1-\frac{a_2}{2d}\alpha\right)+b_1\ln\left(1-\frac{\frac{a_2-a_1}{2d}}{1-\frac{a_1}{2d}}\alpha\right)\right]$$

把硅质量的尺寸和介电常数 ε 的值代入上式，得

$C_1=C_4$

$$=\frac{8.85\times10^{-15}}{\alpha}\left[14\ln\left(1+\frac{11.6\alpha}{2d+2.4\alpha}\right)+8\ln\left(1+\frac{2.4}{2d}\alpha\right)+1.5\ln\left(1+\frac{0.9\alpha}{2d+1.5\alpha}\right)\right]$$

$$(5.3)$$

$C_2=C_3$

$$=\frac{8.85\times10^{-15}}{\alpha}\left[14\ln\left(1-\frac{11.6\alpha}{2d-2.4\alpha}\right)+8\ln\left(1-\frac{2.4}{2d}\alpha\right)+1.5\ln\left(1-\frac{0.9\alpha}{2d-1.5\alpha}\right)\right]$$

$$(5.4)$$

根据式（5.3）和式（5.4）可得到电容 C_1，C_2 与 α 的关系曲线，如图5.3

所示。

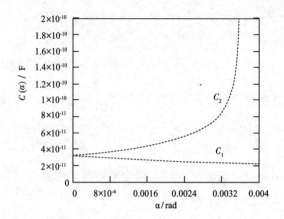

图 5.3 $d=0.025\text{mm}$，C_1 和 C_2 随 α 的变化曲线

由图 5.3 可以看出，对于 C_2，随着 α 的增加，电容两极板的间隙变小，电容值变大，当 α 增加到某一极限值时，即电容两极板的间隙接近 0，电容值变为无限大。

图 5.4 给出在不同 d 的情况下，电容 C_2 随 α 变化的关系，从图中可以得到，d 越大，测量范围越大，分辨率越差。

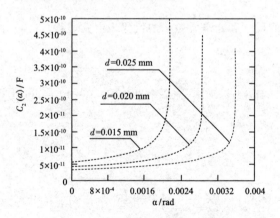

图 5.4 d 不同时，C_2 随 α 的变化曲线

在图 5.2 中，C_1 和 C_4 组成的并联阻抗为

$$R_{C_1} = \frac{1}{2j\omega_e C_1}$$

C_2 和 C_3 组成的并联阻抗为

$$R_{C_2} = \frac{1}{2j\omega_e C_2}$$

式中：ω_e 为激励电压的圆频率，电桥两臂的电压分别为

$$V_1 = \frac{R_{C_1}}{R_{C_1} + R_1}V_s = \frac{1}{1 + 2j\omega_e C_1 R_1}V_s \qquad (5.5)$$

$$V_2 = \frac{R_{C_2}}{R_{C_2} + R_2}V_s = \frac{1}{1 + 2j\omega_e C_2 R_2}V_s \qquad (5.6)$$

电桥两臂的电压差为

$$
\begin{aligned}
V_1 - V_2 &= \frac{V_s}{1 + 2j\omega_e C_1 R} - \frac{V_s}{1 + 2j\omega_e C_2 R} \\
&= \frac{2j\omega_e R(C_2 - C_1)V_s}{(1 - 4\omega_e^2 C_1 C_2 R^2) + 2j\omega_e R(C_1 + C_2)} \\
&= \frac{2\omega_e R(C_2 - C_1)V_s(1 - 4\omega_e^2 C_1 C_2 R^2)}{(1 - 4\omega_e^2 C_1 C_2 R^2)^2 + 4\omega_e^2 R^2(C_1 + C_2)^2}j \\
&\quad + \frac{4\omega_e^2 R^2(C_2^2 - C_1^2)V_s}{(1 - 4\omega_e^2 C_1 C_2 R^2)^2 + 4\omega_e^2 R^2(C_1 + C_2)^2}
\end{aligned}
\qquad (5.7)
$$

电桥两臂的电压差幅值为

$$U_0 = |V_1 - V_2|$$

$$= \frac{\{[2\omega_e R(C_2 - C_1)(1 - 4\omega_e^2 C_1 C_2 R^2)]^2 + [4\omega_e^2 R^2(C_2^2 - C_1^2)]^2\}^{\frac{1}{2}}V_s}{(1 - 4\omega_e^2 C_1 C_2 R^2)^2 + 4\omega_e^2 R^2(C_1 + C_2)^2}$$

$$(5.8)$$

在陀螺的信号处理电路中，激励电压的频率为（见第六章）

$$\omega_e = 139.31 \text{ kHz} = 8.7531 \times 10^5 \text{ rad/s}$$

把式（5.3）和式（5.4）代入式（5.8），并代入参数 $R = 75 \text{ k}\Omega$，V_s

$=5$ V，得到"电桥两臂电压差U_0-摆角α"关系曲线，如图 5.5 所示。

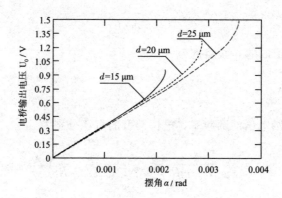

图 5.5 电桥输出电压 U_0-摆角 α 关系曲线

当 $d=0.015$ mm 时，$\alpha=0.002142857$ rad 对应电桥的最大输出电压为 $V=0.982$ V；

当 $d=0.020$ mm 时，$\alpha=0.002801$ rad 对应电桥的最大输出电压为 $V=1.24$ V；

当 $d=0.025$ mm 时，$\alpha=0.003602$ rad 对应电桥的最大输出电压为 $V=1.51$ V。

以上结论意味着，当 $d=0.025$ mm 时，$\alpha=0.003602$ rad 是最大摆角，对应的电桥两臂电压差 U_0 达到最大，如果继续增大摆角 α，硅振动质量和上下电极接触。

在 $d=0.025$ mm 时，α 在 $0\sim0.002$ rad 范围内，电桥两臂电压差 U_0-摆角 α 关系曲线的渐近行为如图 5.6 所示。

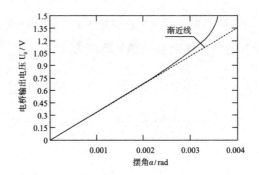

图 5.6　电桥两臂电压差 U_0-摆角 α 关系曲线的渐近行为

α 在 $0 \sim 0.002$ rad 范围内，电桥两臂电压差 U_0 和摆角幅度 α_m 成正比：

$$U_0 = K_\alpha \cdot \alpha_m \tag{5.9}$$

式中：比例系数 K_α 为 330。

把硅振动元件的结构参数代入式（3.23），令 $D = 3.4 \times 10^{-6}$ N·m·s，同时分别令 $\dot{\varphi} = 10$ Hz、12Hz、14Hz，得摆角幅度分别为

$$\alpha_m (10\text{Hz}) = 1.025 \times 10^{-4} \times \Omega$$

$$\alpha_m (12\text{Hz}) = 1.227 \times 10^{-4} \times \Omega$$

$$\alpha_m (14\text{Hz}) = 1.429 \times 10^{-4} \times \Omega$$

于是，电桥输出电压 U_0 分别为

$$U_0 (10\text{Hz}) = K_\alpha \cdot \alpha_m (10\text{Hz}) = 3.3825 \times 10^{-2} \times \Omega$$

$$U_0 (12\text{Hz}) = K_\alpha \cdot \alpha_m (12\text{Hz}) = 4.049 \times 10^{-2} \times \Omega$$

$$U_0 (14\text{Hz}) = K_\alpha \cdot \alpha_m (14\text{Hz}) = 4.7157 \times 10^{-2} \times \Omega$$

因此，当 $\dot{\varphi} = 10$ Hz、12Hz、14Hz 时，陀螺敏感元件的灵敏度分别为

$$k_{\text{sense}} (10\text{Hz}) = U_0 (10\text{Hz}) / \Omega = 5.904 \times 10^{-4} \text{ V/°/s}$$

$$k_{\text{sense}} (12\text{Hz}) = U_0 (12\text{Hz}) / \Omega = 7.067 \times 10^{-4} \text{ V/°/s}$$

$$k_{\text{sense}} (14\text{Hz}) = U_0 (14\text{Hz}) / \Omega = 8.2312 \times 10^{-4} \text{ V/°/s}$$

$$\tag{5.10}$$

仅就陀螺敏感元件来说，当 $\dot{\varphi}=12\ \text{Hz}$ 时，硅振动元件的摆角 α 在 $0\sim$
0.002 rad 范围内对应的角速度 Ω 的测量范围为

$$\Omega = \frac{0.002}{1.227\times10^{-4}} = 16.29\ \text{rad/s} = 933\ °/\text{s} \tag{5.11}$$

于是，在 $\dot{\varphi}=12\ \text{Hz}$ 时，陀螺敏感元件的测试范围可认为是 $0\sim900\ °/\text{s}$。

5.2 静电吸合

为了测量差动电容的变化，在敏感元件的极板之间加入交流激励信号，这样便在电容两极板之间产生静电场，就会有静电力作用在硅质量上。设电容极板间的电压为 V，电容为 C，则电容器贮存的电场能 W 为

$$W = \frac{1}{2}V^2 C$$

作用在硅质量上的静电力矩为

$$M_e = \frac{\partial W}{\partial \alpha} = \frac{1}{2}V^2\frac{\partial C}{\partial \alpha} \tag{5.12}$$

电容器 C_1 和 C_2 产生的静电力矩分别为

$$M_1 = \frac{1}{2}V_1^2\frac{\partial C_1}{\partial \alpha}$$

$$M_2 = \frac{1}{2}V_2^2\frac{\partial C_2}{\partial \alpha}$$

$$\frac{\partial C_1}{\partial \alpha} = 8.85\times10^{-15}\times\left[-\frac{14}{\alpha^2}\ln\left(\frac{2d+14\alpha}{2d+2.4\alpha}\right)+\frac{1}{\alpha}\frac{324.8d}{(2d+14\alpha)(2d+2.4\alpha)}\right]$$

$$+8.85\times10^{-15}\times\left[-\frac{8}{\alpha^2}\ln\left(\frac{2d+2.4\alpha}{2d}\right)+\frac{1}{\alpha}\times\frac{19.2}{(2d+2.4\alpha)}\right]+8.85\times10^{-15}$$

$$\times\left[-\frac{1.5}{\alpha^2}\ln\left(\frac{2d+2.4\alpha}{2d+1.5\alpha}\right)+\frac{1}{\alpha}\times\frac{2.7d}{2d+2.4\alpha}\times\frac{1}{(2d+1.5\alpha)}\right] \tag{5.13}$$

$$\frac{\partial C_2}{\partial \alpha}=\frac{8.85\times10^{-15}}{\alpha^2}\left[14\ln\left(1-\frac{11.6\alpha}{2d-2.4\alpha}\right)+8\ln\left(1-\frac{2.4\alpha}{2d}\right)+1.5\ln\left(1-\frac{0.9\alpha}{2d-1.5\alpha}\right)\right]$$

$$-\frac{8.85\times10^{-15}}{\alpha}\left\{\left(\frac{-324.8d}{(2d-14\alpha)(2d-2.4\alpha)}\right)+\left(\frac{-19.2}{2d-2.4\alpha}\right)+\left[\frac{-2.7d}{(2d-2.4\alpha)(2d-1.5\alpha)}\right]\right\}$$

$$(5.14)$$

式（5.13）和式（5.14）以图示的形式表示，如图 5.7 所示。

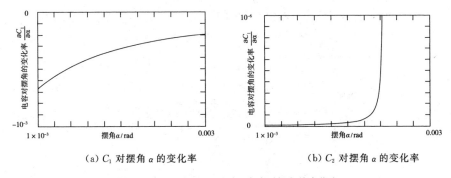

（a）C_1 对摆角 α 的变化率　　　　（b）C_2 对摆角 α 的变化率

图 5.7　$d=0.025$ mm 时，电容对摆角的变化率

当硅质量摆动时，电容器 C_1，C_2，C_3 和 C_4 在变化，从图 5.7 可以看出，电容器 C_1 对摆角 α 的变化率为负值，电容器 C_2 对摆角 α 的变化率为正值，且当 α 接近于 0.002142857 时，C_2 的变化率很大，此时硅振动质量和极板电极将趋于接触。

由式（5.5）和式（5.6）得

$$V_1^2=\frac{V_S^2}{\sqrt{(1-4\omega_e^2C_1^2R^2)^2+16\omega_e^2C_1^2R^2}}\qquad(5.15)$$

$$V_2^2=\frac{V_S^2}{\sqrt{(1-4\omega_e^2C_2^2R^2)^2+16\omega_e^2C_2^2R^2}}\qquad(5.16)$$

把 $\omega_e=8.7531\times10^5$ rad/s，$R=75$ kΩ，$V_S=5$ V 代入式（5.15）和式（5.16）中，

$$V_1^2=\frac{V_S^2}{\sqrt{(1-4\omega_e^2C_1^2R^2)^2+16\omega_e^2C_1^2R^2}}$$

$$= \frac{25}{\sqrt{(1 - 3.8692754 \times 10^{21} C_1^2)^2 + 1.5477 \times 10^{22} C_1^2}} \tag{5.17}$$

$$V_2^2 = \frac{V_S^2}{\sqrt{(1 - 4\omega_e^2 C_2^2 R^2)^2 + 16\omega_e^2 C_2^2 R^2}}$$

$$= \frac{25}{\sqrt{(1 - 3.8692754 \times 10^{21} C_2^2)^2 + 1.5477 \times 10^{22} C_2^2}} \tag{5.18}$$

式（5.17）和式（5.18）以图示的形式表示出来，如图5.8所示。

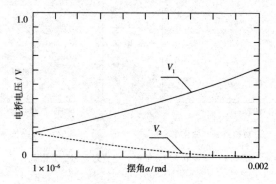

图 5.8 电桥两臂电压与摆角的关系曲线

从图5.8中看到，当摆角 $\alpha = 0$ 时，电桥两臂的电压 V_1 和 V_2 相等；随着摆角 α 变大，电桥两臂的电压 V_1 变大、V_2 变小，其差值变大。

硅质量受到两边电极静电力的作用，当质量处于中央时，所受静电力矩和为零；当有被测角速度 Ω 输入时，产生的科氏力使硅质量摆动，此时，硅质量受静电力矩和为

$$M_e = M_1 + M_2 + M_3 + M_4 = 2M_1 + 2M_2$$

$$= V_1^2 \left\{ 8.85 \times 10^{-15} \times \left[-\frac{14}{\alpha^2} \ln\left(\frac{2d + 14\alpha}{2d + 2.4\alpha}\right) + \frac{1}{\alpha} \frac{324.8d}{(2d + 14\alpha)(2d + 2.4\alpha)} \right] \right.$$

$$+ 8.85 \times 10^{-15} \times \left[-\frac{8}{\alpha^2} \ln\left(\frac{2d + 2.4\alpha}{2d}\right) + \frac{1}{\alpha} \times \frac{19.2}{(2d + 2.4\alpha)} \right]$$

$$+ 8.85 \times 10^{-15} \times \left[-\frac{1.5}{\alpha^2} \ln\left(\frac{2d + 2.4\alpha}{2d + 1.5\alpha}\right) + \frac{1}{\alpha} \times \frac{2.7d}{2d + 2.4\alpha} \times \frac{1}{(2d + 1.5\alpha)} \right] \right\}$$

$$+ V_2^2 \left(\frac{8.85 \times 10^{-15}}{\alpha^2} \right) \left[14\ln\left(\frac{2d-14\alpha}{2d-2.4\alpha} \right) + 8\ln\left(\frac{2d-2.4\alpha}{2d} \right) + 1.5\ln\left(\frac{2d-2.4\alpha}{2d-1.5\alpha} \right) \right]$$

$$+ V_2^2 \left(-\frac{8.85 \times 10^{-15}}{\alpha} \right) \left\{ \left[\frac{-324.8d}{(2d-14\alpha)(2d-2.4\alpha)} \right] + \left(\frac{-19.2}{2d-2.4\alpha} \right) \right\}$$

$$+ V_2^2 \left(-\frac{8.85 \times 10^{-15}}{\alpha} \right) \left[\frac{-2.7d}{(2d-2.4\alpha)(2d-1.5\alpha)} \right] \tag{5.19}$$

为了便于说明问题，我们把硅振动元件弹性梁的扭转力矩和由静电力产生的扭转力矩放在同一幅图中进行比较，如图 5.9 所示。从图中可明显看出，静电力矩很小，可以忽略。

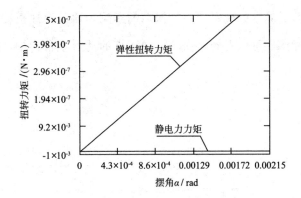

图 5.9　弹性力和静电力力矩与摆角 α 的关系曲线

本章小结

(1) 本章将摆角 α 以电容的形式表示出来，最终通过 "$C-V$" 变换将电容信号变换为电压信号输出。通过计算，给出敏感电容 C 与 α 的关系、电桥两臂电压差 U_0 与敏感电容 C 的关系以及电桥两臂电压差 U_0 与 α 的关系。

(2) 计算了静电吸合对硅质量振动的影响。通过弹性扭转力矩和静电力矩的大小对比，可以看到，在硅振动元件的动力学行为中，静电力矩可以忽略。

第六章　陀螺力学性能分析

本章是在第二章和第三章的基础上，进一步分析硅振动元件的动力学行为，计算在不同动力学参数 K_T 和 D 的情况下，摆角 α 对旋转角速率 $\dot{\varphi}$ 的依赖关系，并介绍消除由旋转角速率 $\dot{\varphi}$ 的变化引起陀螺输出信号变化的软件补偿原理；计算固有频率、阻尼比和相位角；计算不同温度环境下的阻尼系数；应用 ANSYS 有限元分析软件进行硅振动元件的振动特性和"热-结构"分析。

6.1　载体旋转角速率对输出信号的影响

式（3.23）可改写成如下形式：

$$\alpha_m = \frac{(J_Z + J_Y - J_X)\dot{\varphi}}{\sqrt{[(J_Z - J_X - J_Y)\dot{\varphi}^2 + K_T]^2 + (D\dot{\varphi})^2}}\Omega = k(\dot{\varphi}) \cdot \Omega \quad (6.1)$$

$$k(\dot{\varphi}) = \frac{(J_Z + J_Y - J_X)\dot{\varphi}}{\sqrt{[(J_Z - J_X - J_Y)\dot{\varphi}^2 + K_T]^2 + (D\dot{\varphi})^2}} \quad (6.2)$$

敏感元件制作完成后，在一定温度环境下，J_X，J_Y，J_Z，K_T 和 D 都可认为是常数，$k(\dot{\varphi})$ 只是 $\dot{\varphi}$ 的函数。

6.1.1 硅弹性梁扭转刚度 K_T 对 $k(\dot{\varphi}) - \dot{\varphi}$ 曲线的影响

把参数 J_X，J_Y，J_Z 的值代入式（6.2），同时令 $D = 3.4 \times 10^{-6}$ N·m·s，当 K_T 分别为 2×10^{-6} N·m，2×10^{-5} N·m，2×10^{-4} N·m、2.47658×10^{-3} N·m 时，计算出 a，b，c，d 四条曲线，如图 6.1 所示。

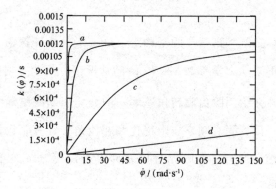

图 6.1 不同 K_T 的情况下，$k(\dot{\varphi}) - \dot{\varphi}$ 曲线

从图 6.1 可以看出，K_T 越小，$k(\dot{\varphi})$ 对 $\dot{\varphi}$ 的依赖越小。

当 $K_T = 0$ 时，由于 $J_Z - J_X - J_Y \approx 0$，故

$$k(\dot{\varphi}) = \frac{(J_Z + J_Y - J_X)\dot{\varphi}}{\sqrt{[(J_Z - J_X - J_Y)\dot{\varphi}^2 + K_T]^2 + (D\dot{\varphi})^2}}$$

$$\approx \frac{(J_Z + J_Y - J_X)}{D} \tag{6.3}$$

在敏感结构设计中，可以通过把支撑梁的扭转刚度设计为 0 的方式消除载体旋转角速度 $\dot{\varphi}$ 对陀螺输出信号的影响，例如，支撑梁设计为可转动的无弹性转轴。

6.1.2　阻尼系数 D 对 $k(\dot{\varphi}) - \dot{\varphi}$ 曲线的影响

把参数 J_X，J_Y，J_Z 的值代入式（6.2），令 $K_T = 2.47658 \times 10^{-3}$ N・m（实际结构的弹性刚度），当 D 分别为 5×10^{-7} N・m・s、3.4×10^{-6} N・m・s、1×10^{-5} N・m・s 时，计算出三条 $k(\dot{\varphi}) - \dot{\varphi}$ 曲线，如图 6.2 所示。

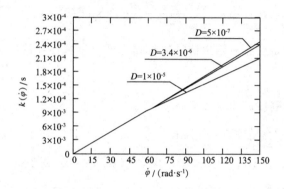

图 6.2　不同 D 的情况下，$k(\dot{\varphi}) - \dot{\varphi}$ 曲线

从图 6.2 可以看到，D 越小，$k(\dot{\varphi})$ 对 $\dot{\varphi}$ 的依赖越大，$k(\dot{\varphi})$ 的值也越大。当 $D=0$ 时，由于 $J_Z - J_X - J_Y \approx 0$，所以

$$k(\dot{\varphi}) = \frac{(J_Z + J_Y - J_X)\dot{\varphi}}{\sqrt{[(J_Z - J_X - J_Y)\dot{\varphi}^2 + K_T]^2 + (D\dot{\varphi})^2}}$$

$$\approx \frac{(J_Z + J_Y - J_X)}{K_T}\dot{\varphi} \tag{6.4}$$

式（6.4）中，$k(\dot{\varphi})$ 和载体旋转角速度 $\dot{\varphi}$ 成正比。所以，在敏感结构制作中，如果对"三明治"敏感元件进行真空封装，阻尼系数趋近于零，陀螺输出信号不仅与被测角速度 Ω 成正比，与载体旋转角速度 $\dot{\varphi}$ 也成正比。

6.1.3　对载体的旋转角速率 $\dot{\varphi}$ 的软件补偿原理

图 6.1 中 d 曲线是由陀螺敏感元件的实际结构计算所得，载体的旋转角速率 $\dot{\varphi}$ 工作在 10～22 Hz（$\dot{\varphi}=62.83～138.23$ rad/s）范围内，在该速率范围内，$k(\dot{\varphi})$ 的变化率为

$$\Delta = \frac{k(22)-k(10)}{k(10)} = 5.9678\%$$

为了消除 $\dot{\varphi}$ 变化对输出信号的影响，可通过软件补偿的方法实现。具体方法如下：

（1）通过测试，建立数据表

在 12～22 Hz 范围内，分别取 $\dot{\varphi}$ 为 10 Hz、12 Hz、13 Hz、14 Hz、15 Hz、16 Hz、17 Hz、18 Hz、19 Hz、20 Hz、21 Hz、22 Hz，对于每个 $\dot{\varphi}$，在变化被测角速度 Ω 的情况下，得到一组输出信号值，即 $V_{out}-\Omega$ 数据表。通过拟合可以得到 $V_{out}-\Omega$ 直线，直线的形式为

$$V_{out} = \chi(\dot{\varphi}) \cdot \Omega + V_0 \tag{6.5}$$

式中：$\chi(\dot{\varphi})$ 为直线的斜率；V_0 为零位电压（常数）。

（2）提取旋转角速率 $\dot{\varphi}$

由于输出信号的频率为 $\dot{\varphi}$，通过对输出信号进行单片机采样处理得到 $\dot{\varphi}$ 的值。

（3）查表求解

根据提取的 $\dot{\varphi}$ 值，在数据表中查对应的 $\chi(\dot{\varphi})$，把测试得到的 V_{out} 代回式（6.5）中，便求得被测角速度 Ω。

6.2　固有频率、阻尼比和相位角

6.2.1　固有频率

式（3.16）中，固有频率表达式为

$$\omega_0^2 = \frac{1}{J_Y}\left[(J_Z - J_X)\dot{\varphi}^2 + K_T\right]$$

把结构参数 J_X，J_Y，J_Z 和 $K_T = 2.47658 \times 10^{-3}$ N·m 代入上式计算，结果如图 6.3 所示。

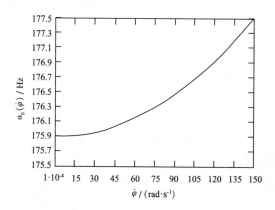

图 6.3　固有频率 ω_0 随 $\dot{\varphi}$ 变化曲线

当 $\dot{\varphi} = 0$ 时，式（3.14）化简为

$$J_Y\ddot{\alpha} + D\dot{\alpha} + K_T\alpha = 0 \qquad\qquad (6.6)$$

式（6.6）为硅振动元件自由振动模态方程，自由振动模态的固有频率为

$$\omega_0^1 = \sqrt{\frac{K_T}{J_Y}} = 175.8 \text{ Hz} \qquad\qquad (6.7)$$

6.2.2 阻尼比

式（3.17）中，阻尼比表达式为

$$\xi = \frac{D}{2\omega_0 J_Y} = \frac{D}{2\sqrt{J_Y[(J_Z - J_X)\dot{\varphi}^2 + K_T]}}$$

把结构参数 J_X，J_Y，J_Z，K_T 和 $D = 3.4 \times 10^{-6}$ N·m·s 代入上式，计算得如下曲线（见图 6.4）。

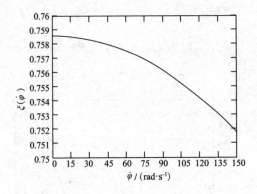

图 6.4 阻尼比 ξ 随 $\dot{\varphi}$ 变化曲线

6.2.3 相位角

在第二章，硅振动元件的角振动稳定解为

$$\alpha = \frac{(J_Z + J_Y - J_X)\Omega\dot{\varphi}}{\sqrt{[(J_Z - J_X - J_Y)\dot{\varphi}^2 + K_T]^2 + (D\dot{\varphi})^2}}\cos(\dot{\varphi}t - \beta)$$

式中：β 为相位角，即

$$\beta = \arctan^{-1}\frac{D\dot{\varphi}}{(J_Z - J_X - J_Y)\dot{\varphi}^2 + K_T}$$

角振动相位比激振力落后一个相位角 β，激振力的频率为载体的自旋频率$\dot{\varphi}$，把J_X，J_Y，J_Z，K_T和$D=3.4\times10^{-6}$ N·m·s代入上式，计算结果如图6.5所示。

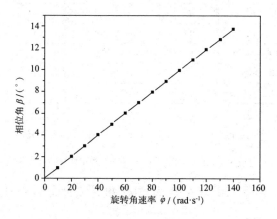

图 6.5　相位角 β 随 $\dot{\varphi}$ 变化曲线

当$\dot{\varphi}=12$ Hz时，$\beta=7.5°$，于是，硅振动质量的振动响应时间为

$$t=\frac{1}{12}\times\frac{7.5}{360}=0.0017 \text{ s}$$

6.3　温度对阻尼系数的影响

在实际敏感元件的制作中，我们将一个大气压的氮气封于敏感元件内。当温度变化时，氮气黏滞系数η也在变化，从而导致阻尼系数D的变化。为了研究温度对阻尼系数D的影响，表6.1给出不同温度下氮气的黏滞系数η，以便进行计算。

表 6.1　一个大气压下，不同温度时氮气的黏滞系数[70]

温度/℃	黏滞系数 η/（Pa·s）	温度/℃	黏滞系数 η/（Pa·s）	温度/℃	黏滞系数 η/（Pa·s）
−50	1.396×10^{-5}	0	1.636×10^{-5}	50	1.876×10^{-5}
−40	1.444×10^{-5}	10	1.684×10^{-5}	60	1.924×10^{-5}
−30	1.492×10^{-5}	20	1.732×10^{-5}	70	1.972×10^{-5}
−20	1.54×10^{-5}	30	1.78×10^{-5}	80	2.02×10^{-5}
−10	1.588×10^{-5}	40	1.828×10^{-5}		

在 $d = 0.025$ mm，$t = -40$ ℃（$\eta = 1.44 \times 10^{-5}$ Pa·s），$t = 20$ ℃（$\eta = 1.732 \times 10^{-5}$ Pa·s），$t = 80$ ℃（$\eta = 2.02 \times 10^{-5}$ Pa·s）时，由式（4.49）分别计算得到阻尼系数 D 和摆角 α 之间的关系曲线，如图 6.6 所示。

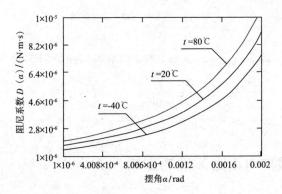

图 6.6　不同温度下，阻尼系数 D 随 α 变化曲线

令 $\alpha = 0.001$ rad，当 $t = -40$ ℃（$\eta = 1.44 \times 10^{-5}$），$t = 20$ ℃（$\eta = 1.732 \times 10^{-5}$），$t = 80$ ℃（$\eta = 2.02 \times 10^{-5}$）时，分别计算得到阻尼系数为 $D = 2.72 \times 10^{-6}$ N·m·s，$D = 3.271 \times 10^{-6}$ N·m·s，$D = 4.159 \times 10^{-6}$ N·m·s，进而得到不同 D 的情况下三条 $k(\dot{\varphi})$-$\dot{\varphi}$ 曲线，如图 6.7 所示。

当 $\dot{\varphi} = 12$ Hz 时，与室温相比，在 −40 ℃ 和 80 ℃ 的情况下，$k(\dot{\varphi})$ 的差值分别为

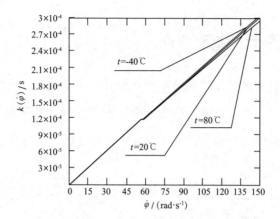

图 6.7　不同温度下，$k(\dot{\varphi})$ 随 $\dot{\varphi}$ 变化曲线

$$\Delta k\,(T=-40\ ℃)=\left|\,k\,(T=-40\ ℃)-k\,(t=20\ ℃)\,\right|=0.004\times10^{-4}$$

$$\Delta k\,(T=80\ ℃)=\left|\,k\,(T=80\ ℃)-k\,(t=20\ ℃)\,\right|=0.007\times10^{-4}$$

误差百分比为

$$\frac{\Delta k\,(T=-40\ ℃)}{k\,(t=20\ ℃)}=\frac{0.004\times10^{-4}}{1.556\times10^{-4}}=0.2\%$$

$$\frac{\Delta k\,(T=80\ ℃)}{k\,(t=20\ ℃)}=\frac{0.007\times10^{-4}}{1.556\times10^{-4}}=0.45\%$$

由式（5.9）得

$$U_0=K_a\cdot\alpha_\mathrm{m}=K_a\cdot k(\dot{\varphi})\cdot\Omega$$

陀螺敏感元件的灵敏度为

$$k_\mathrm{sense}=\frac{U_0}{\Omega}=K_a\cdot k(\dot{\varphi})$$

所以，由于温度变化影响阻尼系数，从而引起陀螺灵敏度在 $T=$ -40 ℃和 $T=80$ ℃时相对于室温（$T=20$ ℃）的变化率分别为 0.2% 和 0.45%。

6.4 有限元分析和仿真

为了进一步验证理论计算结果的正确性，本节应用 ANSYS 有限元分析软件对硅振动元件进行振动模态分析，并将分析结果和理论计算结果进行比较。对硅振动元件进行"热-结构"分析，从而求解环境温度对敏感元件性能的影响。

6.4.1 硅振动元件的有限元模型

根据敏感元件的实际结构，通过简化和近似，抽象出硅振动元件的几何模型。由于硅振动元件的质量和弹性支撑梁的厚度不同，梁的形状不规则，为了求解方便，又不失结构模拟的准确性，我们把梁和质量分成两个实体，并将其"glue"在一起。

输入单晶硅结构尺寸和相应的材料常数，赋给 45 号体单元。对支撑梁以 hex，sweeping 方式划分网格，对质量以 tet，free 方式划分网格。在两支撑梁端面加全方位位移约束。材料属性设为各向同性，输入硅的材料参数。图 6.8 为硅振动元件网格划分图，图 6.9 是振动梁的网格划分图。

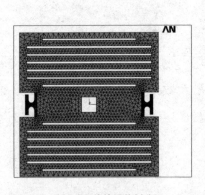

图 6.8　硅振动元件的网格划分　　　　图 6.9　振动梁的网格划分

6.4.2　模态分析

模态分析用于确定设计结构的振动特性（固有频率和振型），它是承受动态载荷结构设计中的重要参数。模态分析同时也是进行谱分析或模态叠加法谐响应分析或瞬态动力学分析所必需的前期分析过程。

典型的无阻尼模态分析的基本方程是经典的特征值问题：

$$[K]\{\varphi_i\} = \omega_i^2 [M]\{\varphi_i\}$$

式中：$[K]$ 为刚度矩阵；$\{\varphi_i\}$ 为第 i 阶模态的振型向量（特征向量）；ω_i 为第 i 阶模态的固有频率（ω_i^2 是特征值）；$[M]$ 为质量矩阵。

经过求解和后处理，得到三个模态，第一模态的共振频率为 167.404 Hz，第二和第三模态的频率分别为 1752 Hz 和 2589 Hz，如图 6.10、图 6.11、图 6.12 所示，第二和第三模态不是我们需要的模态，不予考虑。

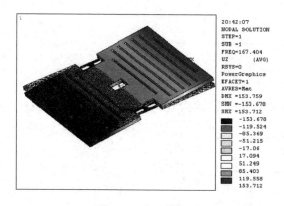

图 6.10　第一模态

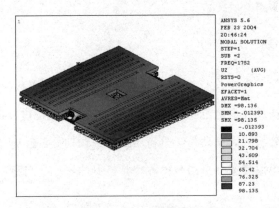

图 6.11　第二模态

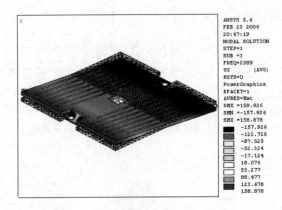

图 6.12　第三模态

对比有限元分析和式（6.7）中理论计算的结果，硅振动元件固有频率的差值百分比为

$$\frac{175.8-167.404}{175.8}\times 100\%=4.77\%$$

6.4.3　硅振动元件的"热-结构"分析

温度变化会引起物体的膨胀或收缩，利用 ANSYS 的热分析功能可以分析硅振动元件在受热或冷却时膨胀或收缩的微位移大小。在结构分析中

直接定义节点温度，节点温度在分析中作为体载荷，而不是节点自由度。

讨论受热和冷却两种情况，初始温度设为 25 ℃，极限温度分别为 +85 ℃和-55 ℃。

硅振动元件的相关热物理参数分别取值如下（按室温条件下选取）：

导热系数为 163 W/(m·K)，杨氏模量 1.7×10^{11} Pa，泊松比为 0.3。

1. 受热情况（25～85 ℃）

硅振动元件在受热的情况下，各部分由于温度的变化而导致结构膨胀。经过计算机仿真，得到硅振动元件膨胀变形图如图 6.15、图 6.16 所示。结果硅振动元件由于受热膨胀，整个结构向外扩展。扩展的长度为 $2 \times 0.187 \times 10^{-5}$ m。

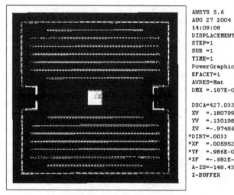 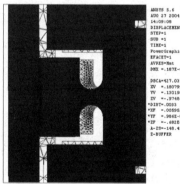

图 6.15 硅振动元件热微位移分布图　　图 6.16 硅振动元件局部热微位移分布图

忽略梁尺寸的变化，只计算由硅振动元件敏感电容有效面积的变化引起的敏感元件性能参数改变。经计算，硅敏感元件灵敏度的变化率为 0.0001%。

2. 冷却情况（25～55 ℃）

硅敏感元件冷却变形图如图 6.17、图 6.18 所示，硅振动元件由于受冷收缩。收缩的长度为 $2 \times 0.251 \times 10^{-5}$ m。同理可以计算，由于结构冷却收缩变形，引起敏感元件灵敏度变化率为 0.004%。

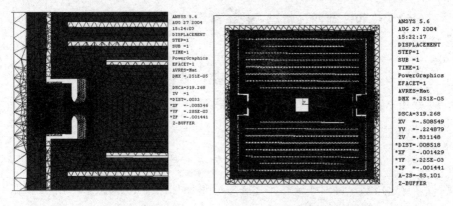

图 6.17　硅振动元件热微位移分布图　　图 6.18　硅振动元件局部热微位移分布图

　　总体来说，由于温度变化，将引起气体黏滞系数的变化和硅结构的热胀冷缩，它们最后都反映到陀螺灵敏度的变化上。可计算得，在 $T=-40\ ℃$ 和 $T=80\ ℃$ 时相对于 $T=20\ ℃$，陀螺灵敏度的变化率分别为 0.2% 和 0.45%。

本章小结

（1）计算了陀螺动力学参数 K_T 和 D 对陀螺动力学行为的影响，例如当 K_T 为 0 时，陀螺输出信号不随载体旋转角速率 $\dot{\varphi}$ 变化；当 D 为 0 时，陀螺输出信号与载体旋转角速度 $\dot{\varphi}$ 和被测角速度 Ω 都成正比关系。介绍了对陀螺输出信号进行角速度 $\dot{\varphi}$ 的软件补偿原理。

（2）在 $\alpha = 0.001\,\text{rad}, \dot{\varphi} = 12\,\text{Hz}$ 时，计算了由于温度对阻尼系数的影响，从而引起陀螺灵敏度在 $T = -40\,℃$ 和 $T = 80\,℃$ 时相对于 $T = 20\,℃$ 的变化率分别为 0.2% 和 0.45%。

（3）应用 ANSYS 有限元分析软件对硅振动元件进行模态分析，分析结果表明，模态分析和解析计算相差 4.77%。

（4）应用 ANSYS 有限元分析软件对硅振动元件进行"热-结构"分析，分析结果表明，硅结构的热膨胀导致陀螺灵敏度变大，变化率为 0.0001%；受冷收缩后导致陀螺的灵敏度变小，变化率为 0.004%。

第七章　信号检测电路

　　旋转驱动陀螺除了敏感元件之外，信号处理电路也是非常重要的部分，一方面在制作敏感元件工艺中产生的工艺误差要通过信号处理电路加以削弱；另一方面，由于旋转驱动陀螺敏感元件本身产生的敏感电容变化量非常弱小，电路提取电容信号的能力直接关系到陀螺性能的优劣。

　　电容敏感通常的检测办法是电荷转移法，它是利用电子开关网络控制电路充放电实现，电子开关的电荷注入效应对测量结果的影响难以完全消除。[71-73]

　　本章利用交流法，通过激励信号连续对被测电容进行充放电，形成与被测电容成比例的电压信号，从而测量被测电容值。

　　本章旋转驱动陀螺敏感元件和电子线路为两体结构，然后组装在一起，电路为混合电路结构。将敏感元件与电子线路集成在一个硅片上虽然有利于减小杂散电容的影响，体积小，便于大规模生产，但技术难度大，目前条件尚不成熟。

7.1　电路组成

　　信号处理电路原理如图 7.1 所示，包括电源稳压器、脉冲发生器、电桥、差分放大、带通滤波和带相位修正的输出放大。

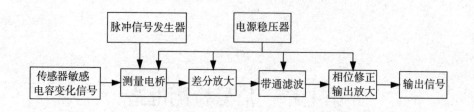

图 7.1　信号处理原理图

信号处理电路如图 7.2 所示，图中 DA3 为稳压电源，它可以向 DD1
提供稳定的 5V 电压。为了进一步提供稳定的电压，在 DA3 的电压输出端
连接电容器用以滤波、稳压，从而保证脉冲发生器产生稳定的方波脉冲
信号。

脉冲信号发生器由施密特触发器 DD1 和电阻 R_{11}、电容 C_7 构成。由
于施密特触发器在输入电压上升到一定值（高电平门限电压 V_P）时，便
从工作状态翻转到静止状态，而输入电压降低到一定值（低电平门限电压
V_N）后，又从静止状态翻转到工作状态，加上一个反馈电阻和一个充放
电电容，最后输出周期性的方波脉冲信号 U_{gen}，如图 7.3 所示。

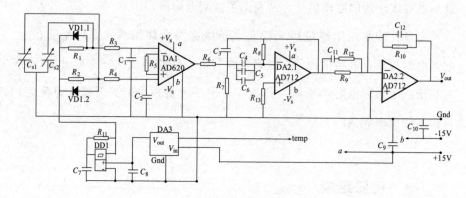

图 7.2　电路图

在 DD1 的脚 4 上产生高频电压 U_{gen}，该电压加在电桥上，电桥电压
U_{gen} 和敏感电容上的电压 U_{sens} 波形如图 7.3 所示。

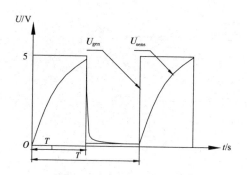

图 7.3 发生器和敏感电容的电压

陀螺敏感元件对被测量（旋转载体的偏航或俯仰角速度）的检测表现为检测电容 C_{s1} 和 C_{s2} 电容值的变化，通过电桥把 C_{s1}，C_{s2} 变换为电压信号，变换电路如图 7.4 所示。由充放电二极管 VD1.1 与 R_1 以及 VD1.2 与 R_2 分别并联形成电桥的两个臂，充放电二极管用以调整电桥性能。电流通过 R_1，R_2 对电容器 C_{s1}，C_{s2} 充电的同时，也通过反向二极管，但是，通过反向二极管的电流很小，在实际情况下，可以忽略。从敏感电容上提取的电压信号 U_{sens} 被送到下一级，先经 C_1 和 C_2 滤波，把由脉冲发生器产生的高频信号滤掉。信号进入 AD620，进行差分放大，如图 7.5 所示。

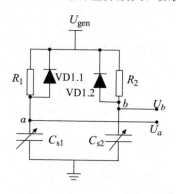

图 7.4 "电容-电压"变换电路

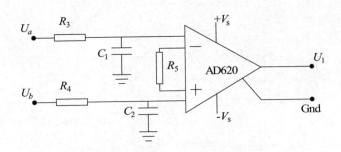

图 7.5 AD620 的差分放大电路

AD712 由 AD2.1 和 AD2.2 两部分构成，它是双运算放大器，AD2.1用于带通滤波，AD2.2 用于修正相位和输出放大，如图 7.6 和图 7.7所示。

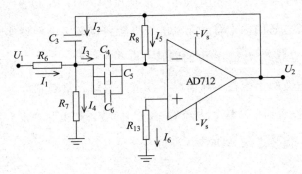

图 7.6 AD712 带通滤波

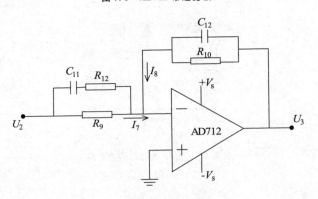

图 7.7 AD712 相位修正和输出放大

7.2　电路分析

由施密特触发器 DD1 和电阻 R_{11}、电容 C_7 构成的方波脉冲信号发生器，其工作状态的时间常数为

$$T_1 = R_{11} C_7 \ln\left(\frac{V_P}{V_N}\right)$$

静态时间常数为

$$T_2 = R_{11} C_7 \ln\left(\frac{V_{cc} - V_N}{V_{cc} - V_P}\right)$$

方波脉冲信号的频率为

$$f = \frac{1}{R_{11} C_7 \ln\left[\dfrac{V_P (V_{cc} - V_N)}{V_N (V_{cc} - V_P)}\right]}$$

式中：V_P 为高电平门限电压；V_N 为低电平门限电压；V_{cc} 为加在 DD1 上的直流电压。

当 $V_{cc} = 5$ V，$T_A = 25$ ℃时，$V_P = 2.65$ V，$V_N = 1.55$ V；又 $R_{11} = 20$ kΩ，$C_7 = 390$ pF，计算可得：

$T_1 = 4.18314$ μs，$T_2 = 2.994879$ μs，$T = T_1 + T_2 = 7.18$ μs，$f = 139.31$ kHz。

7.2.1　"电容-电压"变换

脉冲发生器产生一个矩形脉冲电压 U_{gen}，电压幅值为 +5 V。该电压加在电桥上，电流通过 R_1，R_2 对电容器 C_{s1} 和 C_{s2} 充电，当然也通过反向二极管。但是，通过二极管的电流小，在实际情况下，可以忽略。

在 $t=0\sim T_1$（$U_{gen}=5$ V）时，电容器拾取的电压 U_{sens} 取决于电容器的值，在 $t=T_1\sim T$（$U_{gen}=0$ V）时，电桥输出电压 U_a 和 U_b 为 0。

（1）在充电过程中，即 $kT\leqslant t\leqslant kT+T_1$，$k=0,\pm1,\pm2,\cdots$，得到

$$U_a=U_m(1-e^{-\frac{t}{R_1 C_{s1}}})\tag{7.1}$$

$$U_b=U_m(1-e^{-\frac{t}{R_2 C_{s2}}})\tag{7.2}$$

式中：U_m 为激励信号 U_{gen} 的幅值。

（2）在放电过程中，即 $kT+T_1\leqslant t\leqslant (k+1)T$，$k=0,\pm1,\pm2,\cdots$，由于二极管的正向导电电阻很小，电容器 C_{s1} 的电荷通过二极管 VD1.1 瞬间释放为 0，所以 $U_a=0$。

在充电和放电的全过程（$t=0\sim T$），如图 7.4 中，电桥输出端 a 的低频成分为

$$\bar{U}_a=\frac{1}{T}\int_0^{T_1}U_a dt=\frac{U_m}{T}[T_1-R_1 C_{s1}(1-e^{\frac{-T_1}{R_1 C_{s1}}})]\tag{7.3}$$

考虑到敏感元件的实际结构，设 $C_{s1}=C_0-\Delta C$，$C_{s2}=C_0+\Delta C$，C_0 为敏感元件在不受科氏力时极板间的电容，ΔC 为受科氏力后电容变化量，由于 $\Delta C\ll C_0$，所以 $C_{s1}=C_0-\Delta C\approx C_0$，故

$$\bar{U}_a\approx\frac{U_m}{T}[T_1-R_1(C_0-\Delta C)(1-e^{\frac{-T_1}{R_1 C_0}})]\tag{7.4}$$

同理

$$\bar{U}_b\approx\frac{U_m}{T}[T_1-R_2(C_0+\Delta C)(1-e^{\frac{-T_1}{R_2 C_0}})]\tag{7.5}$$

取 $R_1=R_2$，则

$$\bar{U}_{ab}\approx\bar{U}_a-\bar{U}_b=\frac{2U_m R_1}{T}(1-e^{\frac{-T_1}{R_1 C_0}})\cdot\Delta C\tag{7.6}$$

电桥输出电压经放大器 AD620 放大后，表示为

$$U_{out}=G\bar{U}_{ab}\tag{7.7}$$

式中：G 为 AD620 的放大倍数，$G = 49.4 \text{ k}\Omega / R_5 + 1$。式（7.7）进一步表示为

$$U_{\text{out}} = K \Delta C \qquad (7.8)$$

式中：

$$K = \frac{2U_m R_1}{T}(1 - e^{\frac{-T_1}{R_1 C_0}}) \cdot G \qquad (7.9)$$

由于 R_1，R_2，R_5 是选定的，$G = 49.4 \text{ k}\Omega / R_5 + 1$ 为放大倍数，T 和 T_1 是由脉冲发生器和其相连的电阻、电容决定，为固定值，激励信号 U_{gen} 的幅值 U_m 由 REF - 02 确定，因此 K 为常数。输出信号和电容变化的大小成正比。

把 $U_m = 5 \text{ V}$，$R_1 = R_2 = 75 \text{ k}\Omega$，$T = 7.18 \text{ } \mu s$，$T_1 = 4.18 \text{ } \mu s$，$C_0 = 30$ pF，$G = 18.51$ 代入式（7.9）得

$$K = \frac{2U_m R_1}{T}(1 - e^{\frac{-T_1}{R_1 C_0}}) \cdot G$$

$$= \frac{2 \times 5 \times 75 \times 10^3}{7.18 \times 10^{-6}}(1 - e^{\frac{-4.18 \times 10^{-6}}{75 \times 10^3 \times 30 \times 10^{-12}}}) \times 18.51$$

$$= 1.58 \text{ V/pF}$$

7.2.2 电路的传递函数

7.2.2.1 低通滤波和差分放大

从电桥提取的电压信号通过 R_3，C_2 和 R_4，C_1 后，高频信号被滤掉。
R_3 与 C_2 及 R_4 与 C_1 组成的滤波电路的传递函数为

$$H_1(s) = \frac{1}{\tau s + 1} \qquad (7.10)$$

式中：$\tau = R_3 \cdot C_2 = R_4 \cdot C_1 = 0.0001 \text{ s}$，$R_3 = R_4 = 1 \text{ M}\Omega$，$C_1 = C_2 = 100 \text{ pF}$。

通过计算，传递函数（7.10）的幅频特性和相频特性如图 7.8 和图 7.9 所示。

信号通过由 R_3 与 C_1 及 R_4 与 C_2 组成的低通滤波器后，再经 AD620 信号放大，传递函数为

$$H_1(s) \cdot G = \frac{4.94 \times 10^4 + R_5}{R_5 R_3 C_1 s + R_5}$$

式中：$R_3 = R_4$，$C_1 = C_2$，$s = j\omega$，ω 为脉冲信号的角频率。

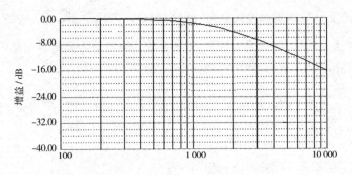

图 7.8　低通滤波的幅频特性

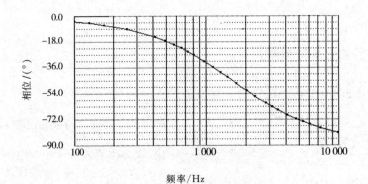

图 7.9　低通滤波的相频特性

7.2.2.2 带通滤波

带通滤波器 DA2.1 有两个用处。首先，抑制供给电桥电源的残余脉冲频率，另外，消除差分放大器 DA1 输出电压的恒定成分。在制作陀螺敏感元件时，由于四个敏感电容的电容值存在着差别，该差别在电路的电桥输出信号中以直流成分表现出来，通过带通滤波后，该直流成分被阻拦。

在图 7.6 中，把放大器看成理想运算放大器，其输入电流为 0，$I_3 = -I_5$，$I_6 = 0$。由基尔霍夫定律得

$$I_1 + I_2 = I_3 + I_4$$

$$I_1 = \frac{U_1 - U_A}{R_6} \, , \, I_2 = \frac{U_2 - U_A}{Z_1}$$

$$I_3 = \frac{U_A}{Z_2} \, , \, I_4 = \frac{U_A}{R_7} \, , \, I_5 = \frac{U_2}{R_8}$$

式中：

$$Z_1 = \frac{1}{sC_3} \, , \, Z_2 = \frac{1}{s(C_4 + C_5 + C_6)}$$

则图 7.6 电路中的传递函数为

$$H_2(s) = \frac{U_2(s)}{U_1(s)}$$

$$= \frac{\dfrac{1}{R_6 C'}s}{s^2 + \dfrac{(C' + C_3)}{R_8 C' C_3}s + \dfrac{1}{R_8 C' C_3}\left(\dfrac{1}{R_6} + \dfrac{1}{R_7}\right)} \tag{7.11}$$

式中：

$$C' = C_4 + C_5 + C_6$$

调整上式中 C_3，C_4，C_5，C_6，R_6，R_7，R_8 的值，可以得到在载体自旋角速率范围（10～22 Hz）内较好的频率特性曲线。

把元件参数 $R_6 = R_7 = R_8 = 3.3 \, \text{M}\Omega$，$C_3 = 100 \, \text{pF}$，$C_4 = C_5 = C_6 =$

0.1 μF 代入式（7.11）中，得到幅频和相频特性曲线，如图 7.10 和图 7.11 所示。

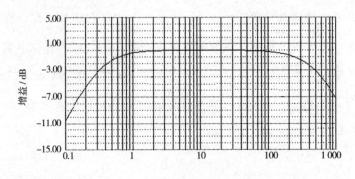

图 7.10　带通滤波的幅频特性

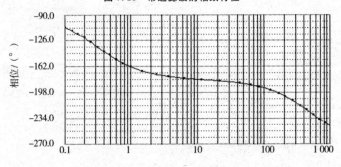

图 7.11　带通滤波的相频特性

从图 7.11 可见，在频率 10～22 Hz 内，带通滤波器有独特的传输因子，相位变化大约 2°。

7.2.2.3　相位修正和输出放大

在工作频率范围内，输出信号的相位修正环节是通过 DA2.2 实现的，同时它对信号起到放大的作用。

在图 7.7 中，把放大器看成理想运算放大器，放大器的输入电流为 0，$I_7 = -I_8$。由基尔霍夫定律得

$$I_7 = \frac{U_2}{Z_3}, \qquad I_8 = \frac{U_3}{Z_4}$$

Z_3 为 C_{11}，R_{12} 和 R_9 混联后的阻抗，Z_4 为 C_{12} 和 R_{10} 并联后的阻抗，

$$Z_3 = \frac{R_9 + R_9 R_{12} C_{11} s}{1 + (R_9 + R_{12}) C_{11} s}$$

$$Z_4 = \frac{R_{10}}{1 + R_{10} C_{12} s}$$

则图 7.7 电路的传递函数为

$$H_3(s) = \frac{U_3(s)}{U_2(s)}$$

$$= \frac{R_{10}}{R_9} \frac{1 + (R_9 + R_{12}) C_{11} \cdot s}{(1 + R_{10} C_{12} \cdot s)(1 + R_{12} C_{11} \cdot s)} \qquad (7.12)$$

通过调整 C_{11}，C_{12}，R_9，R_{10}，R_{12} 的值，可以修正前级放大中产生的相位滞后，并对前级信号再次放大。

把 $R_9 = 21 \text{ k}\Omega$，$R_{10} = 40 \text{ k}\Omega$，$R_{12} = 15 \text{ k}\Omega$，$C_{11} = 68 \text{ nF}$，$C_{12} = 470 \text{ pF}$ 代入式（7.12），得到幅频和相频特性曲线，如图 7.12 所示。

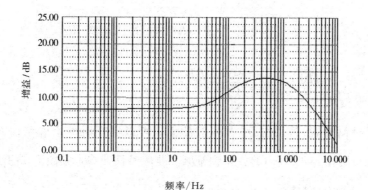

图 7.12　输出放大的幅频特性

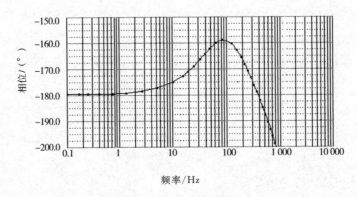

图 7.13　输出放大的相频特性

从图 7.12 中可以看出，频率为 10 Hz 时，修正环节的放大因子 G_{corr} $=7.8$ dB$=2.45$。

7.2.2.4　全电路的传递函数

整个电路的传递函数为

$$H(s) = H_1(s)H_2(s)H_3(s)$$

$$= \frac{4.94 \times 10^4 + R_5}{R_5 R_3 C_1 s + R_5} \cdot \frac{\dfrac{1}{R_7 C}s}{s^2 + \dfrac{(C+C_5)}{R_8 CC_5}s + \dfrac{1}{R_8 CC_5}\left(\dfrac{1}{R_7} + \dfrac{1}{R_9}\right)}$$

$$\times \frac{R_{13}}{R_{11}} \cdot \frac{1 + (R_{11}+R_{12})C_9 \cdot s}{(1 + R_{13}C_{10} \cdot s)(1 + R_{12}C_9 \cdot s)} \tag{7.13}$$

通过调整式（7.13）中各参数的值，可以实现对整个电路性能的调整。把参数代入式（7.13），得到幅频和相频特性曲线，如图 7.14 所示。

从图 7.14 中看到，在 10 Hz 时，放大倍数为 33.5 dB，相当于 47 倍。在频率范围 10～22 Hz 内，当载体旋转频率变化时，输出信号的幅度变化为 0.25 dB（2.9%）。从图 7.15 中看到，相位变化为 2.5°。

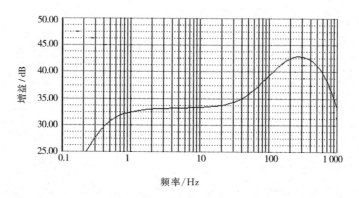

图 7.14 全电路的幅频特性

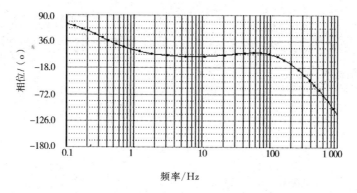

图 7.15 全电路的相频特性

7.3 电路的温度误差

7.3.1 温度对电桥供给电压的影响

在式（7.8）和（7.9）中，电桥的输出电压和 U_m 成正比，U_m 的大小又依赖于 DA3（REF - 02）的输出电压。DA3（REF - 02）输出电压受温度的影响，其最大温度因子为 $8.5 \times 10^{-6}/℃$（max），一般情况下为 $2 \times 10^{-6}/℃$（typ）。那么在 $-40 \sim +80\ ℃$ 的温度范围内，DA3 输出电压的最大

变化率为

$$dU_{genREF02} = 8.5 \times 10^{-6}/℃ \times 120\ ℃ = 0.1\%$$

由于温度变化，导致由 DD1（Nc7sz14）产生的方波脉冲信号的周期发生变化。这种变化来源于：

(1) Nc7sz14 低电平门限电压 V_N 和高电平门限电压 V_P 的变化；

(2) 电阻 R_{11} 的变化。

加在触发器的电压 $V_{cc} = 5\ V$，在不同的温度环境下，触发器的门限电压发生变化。

$T_A = -40\ ℃$时，$V_P = 2.05\ V$，$V_N = 1.1\ V$。

$T_A = 80\ ℃$时，$V_P = 3.25\ V$，$V_N = 2.10\ V$。

在工作温度范围内，T_1 的变化率为

$$\frac{dT_1}{T_1} = \frac{R_{11}C_7\ln\left(\frac{3.25}{2.10}\right) - R_{11}C_7\ln\left(\frac{2.05}{1.1}\right)}{R_{11}C_7\ln\left(\frac{2.05}{1.1}\right)} = 29.84\%$$

在工作温度范围内，T 的变化率为

$$\frac{dT}{T} = \frac{R_{11}C_7\ln\left[\left(\frac{3.25}{2.10}\right)\left(\frac{5-2.10}{5-3.25}\right)\right] - R_{11}C_7\ln\left[\left(\frac{2.05}{1.1}\right)\left(\frac{5-1.1}{5-2.05}\right)\right]}{R_{11}C_7\ln\left(\frac{2.05}{1.1}\right)\left(\frac{5-1.1}{5-2.05}\right)} = 4.5\%$$

运用式（7.9），可以计算得到由 NC7SZ14 性能随温度变化引起电桥供给电压的不稳定性为

$$\frac{dK_{NC7SZ14}}{K_{NC7SZ14}} = 4.7\%$$

R_{11} 在工作温度范围内，阻值的变化率为

$$\frac{dR_{11}}{R_{11}} = 120\ ℃ \times 10^{-4}/℃ = 1.2\%$$

R_{11} 的变化使时间常数 T 和 T_1 发生变化，其变化率为

$$\frac{\mathrm{d}T_1(R_{11})}{T_1(R_{11})} = 1.2\% , \frac{\mathrm{d}T(R_{11})}{T(R_{11})} = 1.2\%$$

由式（7.9）可得由 R_{11} 的变化导致电桥供给电压的不稳定性为

$$\frac{\mathrm{d}K(R_{11})}{K(R_{11})} = 1.2\%$$

于是，由温度变化引起方波脉冲信号周期变化，从而引起电桥电压的不稳定性为

$$\mathrm{d}U_{\mathrm{genf}} = \frac{\mathrm{d}K_{\mathrm{NC7SZ14}}}{K_{\mathrm{NC7SZ14}}} + \frac{\mathrm{d}K(R_{11})}{K(R_{11})} = 4.7\% + 1.2\% = 5.9\%$$

电桥电压不稳定性误差为

$$\mathrm{d}U_{\mathrm{gen}} = \mathrm{d}U_{\mathrm{genREF02}} + \mathrm{d}U_{\mathrm{genf}} = 0.1\% + 5.9\% = 6\%$$

7.3.2　温度对电桥元件的影响

在温度变化时，电桥电阻 R_1，R_2 也变化，R_1，R_2 的变化对于输出信号来说，相当于拾取信号电容器 C_{s1}，C_{s1} 的变化。另外，温度变化，反向二极管 VD1.1、VD1.2 的特性也变化。无论电桥电阻的变化还是反向二极管的变化，其结果是有一恒定的附加信号输入差分放大器 DA1，这种附加的恒定信号将被带通滤波器 DA2.1 阻止。

现在考虑，由于温度变化，电阻 R_1，R_2 和二极管 VD1.1、VD1.2 反向电流也在变化，从而使电桥的比例系数发生变化。

电阻 R_1，R_2 和二极管 VD1.1、VD1.2 反向电流变化将表现为电路电桥比例系数的变化，在工作温度范围内，温度变化引起电阻 R_1，R_2 的变化率为

$$\mathrm{d}R_1 = 120\,^{\circ}\mathrm{C} \times 10^{-4}/^{\circ}\mathrm{C} = 1.2\%$$

在温度为 $-25\,^{\circ}\mathrm{C}$，电压为 5 V 时，二极管 VD1.1、VD1.2（BAV70）的反向电流为 0.05 nA（typ）；在温度为 80 ℃，电压为 5 V 时，二极管

VD1.1、VD1.2（BAV70）的反向电流为 0.05 μA（typ）。在－40～＋80 ℃的温度范围内，二极管 VD1.1、VD1.2（BAV70）的反向电流变化量为 $I_{rev} \approx 0.05$ μA（typ），这样，二极管 VD1.1、VD1.2 和 R_1，R_2 的并联电阻发生变化。二极管的电阻为

$$R_v = 5 \text{ V} / I_{rev} = 100 \text{ M}\Omega$$

VD1.1 与 R_1 或 VD1.2 与 R_2 的并联电阻的变化率为

$$dR_{vd} = [R_v / (R_v + R_1) - 1] \times 100\% = 0.07\%$$

在温度变化的时候，电桥上臂电阻总的变化率为

$$dR = dR_1 + dR_{vd} = 1.2\% + 0.07\% = 1.27\%$$

因此，按照式（7.9），在电桥电阻变化为±1.27%时，电路电桥的比例系数 [V/pF] 的变化率为 $dK_R = 1.28\%$。

7.3.3 温度对放大器 DA1 的影响

DA1 的放大因子和 R_5 的大小有关，其值为

$$G_o = 49.4 \text{ k}\Omega / 2.82 \text{ k}\Omega + 1 = 18.51$$

由于温度变化导致电阻 R_5 变化，DA1 放大倍数就变化，因此，

$$dR_5 = 120 \text{ ℃} \times 10^{-4} = 1.2\%$$

"新"的放大因子为

$$G_n = 49.4 \text{ k}\Omega / (1.012 \times 2.82 \text{ k}\Omega) + 1 = 18.31$$

因此，随着温度变化放大因子的变化率为

$$dG_{R5} = [(G_o - G_n) / G_o] \times 100\% = 1.02\%$$

AD620 本身随着温度变化其放大倍数也在变化，最大变化率为

$$dG_{DA1} = 5 \times 10^{-5}/\text{℃} \times 120 \text{ ℃} = 0.6\%$$

所以，对差分放大器 DA1，总的温度不稳定性为

$$dG = dG_{R5} + dG_{DA1} = 1.02\% + 0.6\% = 1.62\%$$

7.3.4 温度对 DA2 的影响

从式 (7.11) 和式 (7.12) 可以看出，在频率范围 $10 \sim 22$ Hz 之内，电路带通滤波的放大因子和相位修正环节的比例系数分别主要由两对电阻 R_6，R_8 和 R_9，R_{10} 决定。

由于温度变化，电阻 R_6，R_8 和 R_9，R_{10} 发生变化，在 $-40 \sim +80$ ℃ 温度范围内，输出电压的最大变化率为

$$\frac{\Delta R_6}{R_6} = \frac{\Delta R_8}{R_8} = \frac{\Delta R_9}{R_9} = \frac{\Delta R_{10}}{R_{10}} = 120 \ ℃ \times 10^{-4} = 1.2\%$$

考虑到电阻阻值变化的不一致性，它们对输出信号的影响为

$$dR_{out} = \left(\frac{\Delta R_6}{R_6} + \frac{\Delta R_8}{R_8} + \frac{\Delta R_9}{R_9} + \frac{\Delta R_{10}}{R_{10}} \right) \times 0.5$$

$$= (1.2\% + 1.2\% + 1.2\% + 1.2\%) \times 0.5 = 2.4\%$$

7.3.5 电路的温度总误差

总体来说，由于温度变化导致信号处理电路性能变化，从而表现在电路放大系数的不稳定上，其温度不稳定性为

$$dK_{el} = (dU_{gen} + dK_R + dG + dR_{out}) \times 0.5$$

$$= (6 + 1.28 + 1.62 + 2.4) \times 0.5$$

$$= 5.65\%$$

在第五章我们得到，温度从 -40 ℃ 变化至 20 ℃ 和从 80 ℃ 变化至 20 ℃，分别引起陀螺灵敏度的变化率为 0.2% 和 0.45%，它与信号处理电路放大系数随温度的变化率相比很小，所以整个陀螺的温度性能主要取决于信号处理电路的温度性能。

7.3.6 电路零偏的温度漂移

电路的零偏主要由运算放大器 AD712 的温度零位漂移所确定，在$-40\sim$$+85$ ℃ 范围内，AD712 最大的零偏为 0.3 mV，零漂的温度因子为 5 μV/℃。所以在工作温度范围内陀螺的最大零位漂移电压为

$$U_z = 0.3 \text{ mV} + 5 \text{ } \mu\text{V} /℃ \times 120 ℃ = 0.9 \text{ mV}$$

本章小结

（1）通过脉冲发生器产生高频激励信号，激励信号连续对被测电容进行充放电，形成与被测电容成比例的电压信号，并以电桥电压的方式输入差分放大器，之后再进行带通滤波和相位修正，最后输出被测信号。

（2）分析电路各环节特性，得到传递函数和其相应的幅频特性与相频特性。通过调整电路中各参数的值，实现对整个电路性能的调整。敏感电容的差值在电路中表现为直流成分，通过带通滤波将其滤掉。

（3）温度在 $-40\sim+85$ ℃范围内变化，电路的电子元件的性能随着变化，信号处理电路的性能也跟着变化，最终表现在陀螺性能的变化上，经计算，陀螺比例系数的温度不稳定性为 5.65%。由于温度变化引起陀螺敏感元件性能变化和电路性能变化相比很小，所以整个陀螺的温度性能主要取决于信号处理电路的温度性能。

（4）分析了电路在 $-40\sim+85$ ℃范围内温度漂移，得到陀螺零位温度漂移为 0.9 mV。

第八章　硅振动元件制作工艺

本章介绍硅振动元件的加工工艺，即利用微机械加工工艺实现硅振动元件的结构。在加工工艺中，主要采用双面光刻、双面腐蚀的体加工工艺，应用"掩膜-无掩膜"腐蚀方法，达到分层腐蚀的效果，使硅振动元件外框、质量和振梁的厚度分别开来。

8.1　湿法腐蚀

我们用 EPW（乙二胺、邻苯二酚和水按 7.6：1.2：2.4 配比而成）和 KOH 溶液分别进行了腐蚀实验。由于 EPW 有毒，溶液成本较高，腐蚀速度慢，氢氧化钾（KOH）成本低，毒性小，安全可靠，腐蚀速度快，我们选择 KOH 作为腐蚀液。

氢氧化钾腐蚀硅的反应方程如下：

$$Si+2(OH)^- +2H_2O \rightarrow SiO_2(OH)_2^{-2} +2H_2 \uparrow$$

氢氧化钾对硅的反应速率与其浓度、温度及腐蚀面的晶向等均有关系。表 8.1 列出不同浓度和温度的氢氧化钾溶液对硅（100）晶面的腐蚀速率。由表可见，氢氧化钾对硅（100）晶面的腐蚀速率和温度有很大关系，随温度的升高，腐蚀速度变快，而随浓度的变化，有一峰值，在浓度为 15%～20% 时，腐蚀速度达到最高。由于浓度较低时腐蚀表面质量较差，实际腐蚀一般不选较低的浓度。对于用 SiO_2 作掩膜时，应该考虑氢氧化钾对硅（100）晶面和 SiO_2 的腐蚀选择比。

表 8.1　不同浓度、温度下 KOH 溶液对硅（100）晶面的腐蚀速率（$\mu m/h$）[74]

腐蚀温度 20℃										
溶液浓度/%	10	15	20	25	30	35	40	45	50	55	60
腐蚀速度/($\mu m \cdot h^{-1}$)	1.49	1.56	1.57	1.53	1.44	1.32	1.17	1.01	0.84	0.66	0.5

腐蚀温度 30℃										
溶液浓度/%	10	15	20	25	30	35	40	45	50	55	60
腐蚀速度/($\mu m \cdot h^{-1}$)	3.2	3.4	3.4	3.3	3.1	2.9	2.5	2.2	1.8	1.4	1.1

腐蚀温度 40℃										
溶液浓度/%	10	15	20	25	30	35	40	45	50	55	60
腐蚀速度/($\mu m \cdot h^{-1}$)	6.7	7	7.1	6.9	6.5	5.9	5.3	4.6	3.8	3	2.2

腐蚀温度 50℃										
溶液浓度/%	10	15	20	25	30	35	40	45	50	55	60
腐蚀速度/($\mu m \cdot h^{-1}$)	13.3	14	14	13.6	12.8	11.8	10.5	9	7.5	5.9	4.4

腐蚀温度 60℃										
溶液浓度/%	10	15	20	25	30	35	40	45	50	55	60
腐蚀速度/($\mu m \cdot h^{-1}$)	25	26.5	26.7	25.9	24.4	22.3	19.9	17	14.2	11	8.4

腐蚀温度 70℃										
溶液浓度/%	10	15	20	25	30	35	40	45	50	55	60
腐蚀速度/($\mu m \cdot h^{-1}$)	46	49	49	47	45	41	36	31	26	21	15

腐蚀温度 80℃										
溶液浓度/%	10	15	20	25	30	35	40	45	50	55	60
腐蚀速度/($\mu m \cdot h^{-1}$)	82	86	86	84	79	72	64	55	46	36	27

腐蚀温度 90℃										
溶液浓度/%	10	15	20	25	30	35	40	45	50	55	60
腐蚀速度/($\mu m \cdot h^{-1}$)	140	147	148	144	135	124	110	95	79	62	47

腐蚀温度 100℃										
溶液浓度/%	10	15	20	25	30	35	40	45	50	55	60
腐蚀速度/($\mu m \cdot h^{-1}$)	233	245	246	239	225	206	184	158	131	104	78

由于加工硅振动元件要腐蚀贯通整个硅片，为了加快腐蚀速率，又能保证腐蚀表面质量，选择腐蚀溶液浓度为 30%，温度为 104 ℃（KOH 溶液的沸点为 107 ℃），其腐蚀速率大约为 4.3 μm/min。这时，由于反应较剧烈，溶液自动搅拌。

8.2　硅振动元件加工工艺流程

所用硅片为 4 in（10.16 cm）双面抛光的 n 型（100）硅，电阻率为 3～9 $\Omega \cdot$ cm^2。硅振动元件制作工艺流程如图 8.1 所示。

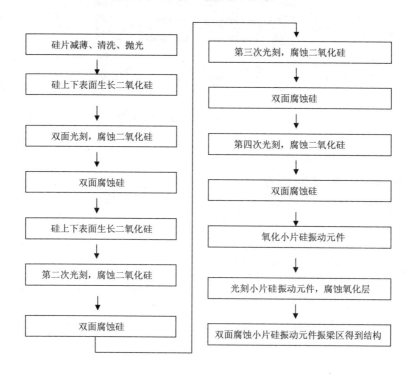

图 8.1　硅振动元件加工工艺流程

硅振动元件制作工艺流程示意图如图 8.2 所示。

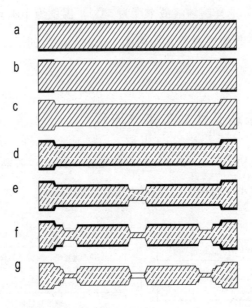

图 8.2　硅振动元件制作工艺流程示意图

8.3　工艺详细步骤

8.3.1　第一次光刻、腐蚀

1. 氧化前硅片清洗

（1）将硅片放在纯硫酸（MOS 级）中煮洗 15 min，用去离子水冲洗 20 min；

（2）用王水（盐酸和硝酸铵 3∶1 混合）煮硅片 10 min，用去离子水冲洗 20 min；

（3）在 60 ℃左右，用异丙醇（C_3H_8O）对硅片进行脱水。

2. 双面热生长二氧化硅

把经脱水之后的硅片放入氧化炉，硅片和氧化炉一同升温到 1150 ℃，干氧化 10 min（氧气流量为 1.5 L/min），湿氧化 15 min（氧气流量为 1.1 L/min），再干氧化 10 min。关闭氧化炉，硅片和炉体一同降温到 100 ℃。图 8.2 中 a 为硅片氧化后剖面图。

3. 涂胶、双面光刻

（1）涂胶，把氧化好的硅片从炉中取出，放在涂胶机上涂胶，然后以 1200 r/min 的转速持续 15 min，接着前烘。

（2）前烘，把涂胶之后的硅片放在烘箱内烘烤 15 min（100 ℃），对于双面硅片，在一面涂胶并前烘之后，应再把它翻过来重复对另一面操作。

（3）光刻，用第一块掩膜版进行双面光刻。

（4）显影，用显影液浸泡光刻后的硅片 20～30 s，在显微镜下观察显影的结果，如果在曝光区还有一薄层胶没有去掉，可以用等离子去胶机进一步去胶。

（5）坚膜，把显影之后的硅片放在烘箱内烘烤 20 min（120 ℃）。

4. 去氧化层

用氢氟酸缓冲液（BHF）浸泡硅片大约 1.5 min，直到去掉氧化层，通过观察表面的颜色以及沾水情况可判断氧化层是否去干净。

5. 去胶

用去膜剂（C_3H_7ON）在室温下浸泡硅片 1.5 min，放入无水乙醇再清洗 5 min，之后用去离子水清洗，剩余胶就被全部去掉。去胶后硅片剖面图如图 8.2 中 b 所示。

6. 双面腐蚀硅

将浓度为 30% 的 KOH 溶液加温到 104 ℃，并用触点温度计控温。把待腐蚀的硅片放入溶液中保持 220 s，取出硅片放在水中清洗并用气枪吹干。本次腐蚀的目的是在硅振动元件的外框和质量之间产生高度差，将来作为质量的振动间隙。双面腐蚀后硅片剖面图如图 8.2 中 c 所示。

由于涂胶、前烘、光刻、显影、坚膜、腐蚀氧化层等在每次光刻工序中都有，所以下面再涉及这些工序就不再重复介绍。

8.3.2　第二次光刻、腐蚀

本次工艺包括硅片的第二次氧化、涂胶、前烘、第二次光刻、显影、坚膜、腐蚀氧化层、腐蚀硅。

由于这次生长的氧化层除在第二次光刻工序中用以掩膜外，还在第三和第四次光刻工序中也用作掩膜，所以要生长较厚氧化层。这次工艺的目的是产生振动梁，在腐蚀深度控制上要特别小心。第二次氧化后硅片剖面图如图 8.2 中 d 所示，腐蚀后硅片剖面图如图 8.2 中 e 所示。图 8.3 为第二次腐蚀后硅片实物图。

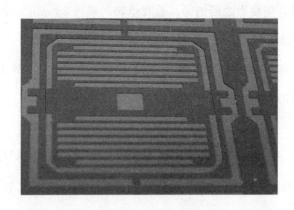

图 8.3　第二次腐蚀后硅片实物图

8.3.3　第三次光刻、腐蚀

本次工艺包括涂胶、前烘、第三次光刻、显影、坚膜、腐蚀氧化层、腐蚀硅。这次工艺的目的是为腐蚀贯通做准备，之所以不一次性腐蚀穿透硅片，是考虑到振动梁区域由于腐蚀台阶而出现梁端部易断裂的问题，如图8.4所示。通过增加第四道光刻腐蚀工序把振动梁区拓宽，从而使腐蚀得到的弹性梁不易断裂。

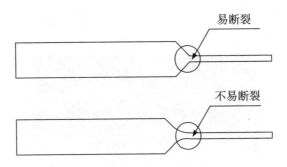

图 8.4　弹性梁对比

腐蚀后硅片剖面图如图8.2中 f 所示。图8.5为第三次腐蚀后硅片实物图。

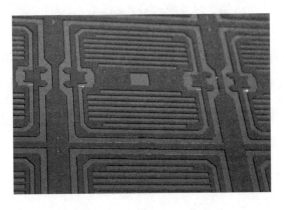

图 8.5　第三次腐蚀后硅片实物图

8.3.4 第四次光刻、腐蚀

本次工艺包括涂胶、前烘、第四次光刻、显影、坚膜、腐蚀氧化层、腐蚀硅。

将硅片在温度为 104 ℃、浓度为 30％的 KOH 溶液中进行腐蚀 15 min，拿出硅片清洗干净。硅片腐蚀后剖面图如图 8.2 中 g 所示，图 8.6 为第四次光刻后硅片实物图。把硅片放在显微镜下用针轻轻地将硅振动元件从硅片上划下，如图 8.7 所示。这之后的工艺对象是硅振动元件单元。

图 8.6　第四次光刻去氧化层后实物图

把划片得到的硅振动元件再次放入温度为 104 ℃、浓度为 30％的 KOH 溶液中腐蚀大约 2 min，等发现阻尼条全部穿通后，取出硅振动元件用去离子水反复清洗，便得到如图 8.8 所示的硅振动元件，这时振动梁还有待进一步腐蚀。

图 8.7　划片后得到的硅振动元件实物图　　　　图 8.8　未形成振梁的硅振动元件实物图

8.3.5　第五次光刻、腐蚀

这次工艺操作对象是硅振动元件，工艺的目的是腐蚀获得振动梁。首先把前一步腐蚀得到的硅振动元件放入氧化炉，生长氧化层。由于腐蚀得到的硅振动元件小而且阻尼条已经贯通，无法进行正常涂胶，所以对硅振动元件的涂胶采用手工操作，用镊子捏住硅振动元件，放入较稀的胶（胶和水按 10∶1 配制而成）中 30 s，然后慢慢提出，放入月牙形的器皿中，之后将月牙形的器皿放入烘箱内升温到 90 ℃，烘烤 30 min，取出对硅振动元件进行光刻。

对硅振动元件的光刻只能通过手动方式进行，一面曝光之后再对另一面曝光。由于在曝光过程中，硅振动元件的位置不好控制，所以在对准、曝光时要加倍小心。通过光刻、显影、坚膜、腐蚀氧化硅、去胶、腐蚀硅等工艺，最后得到硅振动元件结构，如图 8.9 所示。

图 8.9　硅振动元件实物图

8.3.6　去氧化层，蒸镀电极

由于硅振动元件上的氧化层还未完全去除，所以进行电极蒸镀之前，先把硅振动元件放入氢氟酸缓冲液中浸泡 1 min 左右，去掉硅振动元件表面的氧化层。

图 8.10 为镂花版设计图纸。图 8.10（a）为背板，图 8.10（b）为框架板，图 8.10（c）为掩膜板。

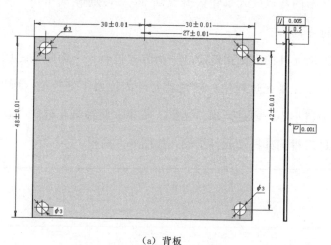

（a）背板

图 8.10　镂花版设计图纸

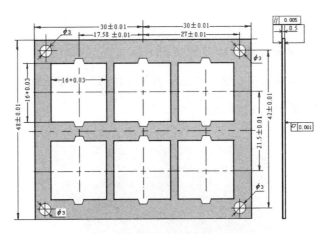

（b）掩膜夹具框架板

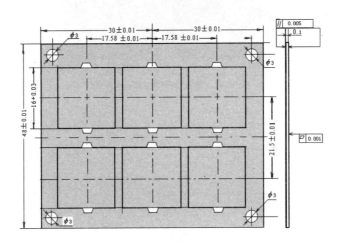

（c）掩膜板

图 8.10 镂花版设计图纸（续）

装配镂花版过程如下：

（1）把背板平放在干净的工作台上，框架板置于背板的上面；

（2）把硅振动元件放于框架板框内，一次可放 6 个硅振动元件；

（3）掩膜板置于框架板的上面，用螺丝把三块板固定起来，其中硅振动元件被夹在上下两板的中间，通过掩膜板在硅振动元件确定的位置上蒸镀金属。

把装好硅振动元件的镂花版面向下放入真空溅射腔内。先蒸镀金属钛,之后再蒸镀金属铜。这样便在硅振动元件的两边突出部位蒸镀了金属电极,蒸镀结果如图 8.11 所示。

图 8.11　硅振动元件镀铜后实物图

本章小结

（1）硅振动元件的结构特点决定了其采用的工艺为体硅加工工艺，整个硅振动元件结构的加工过程自始至终采用双面光刻、双面腐蚀工艺。由于硅振动元件外框、质量以及振梁的厚度各不相同，所以在工艺中需要用到"掩膜-无掩膜"腐蚀的工序，以达到分层腐蚀的效果。

（2）选取腐蚀温度为104℃，不需要搅拌就收到很好的腐蚀效果，而且腐蚀速度也快。通常情况下，人们选取的腐蚀温度为80℃以下，而且需要搅拌，腐蚀效果不佳，腐蚀速度慢。

（3）把整个腐蚀工艺过程分成两个阶段，即4 in（10.16 cm）硅片的腐蚀和硅振动元件分离单元的腐蚀，从而巧妙地实现了硅振动元件弹性梁的精确腐蚀，简化了工艺难度，提高了加工精度。

（4）加工硅振动元件工艺的难点是硅弹性梁的制作，为了避免在工艺加工中出现弹性梁结构应力集中问题，在工艺中增加了一道拓宽振梁区域的工序，使其形成两层台阶，减缓梁区的厚度变化，消除应力集中，也克服了梁区由于前一次腐蚀出现的台阶而导致涂胶不均匀的弱点。

（5）对于最后一道工序来说，加工的对象是硅振动元件的分离单元，它尺寸小而且已经出现贯通槽，不能置于甩胶机上涂胶，这时我们采用手工涂胶加以解决。

（6）设计蒸镀电极的镂花版，对硅振动元件蒸镀电极，先在硅表面蒸镀一层金属钛过渡层，以便增强附着力，之后再蒸镀金属铜，效果很好。

第九章　陀螺部件的制作及整体封装

陀螺部件制作和整体封装是保证陀螺性能达到设计要求的重要环节，包括敏感元件的制作、电极引线的焊接、外壳的封装以及信号处理电路。只有各方面均处于最佳性能状态，才能保证陀螺的整体性能。

陀螺各组成部件因加工过程和黏结过程引入的误差将造成各部件性能的偏移，最终导致陀螺性能下降。制作工艺引入的误差通常表现在使陀螺灵敏度降低、线性度变差及零位漂移变大等方面。本章从敏感元件等部件制作到外壳氮气封接，详细介绍制作陀螺敏感元件的工艺方法，为陀螺的生产奠定工艺基础。

9.1　陀螺结构组成

陀螺的主要部分包括敏感元件和信号处理电路，敏感元件用氮气封在金属外壳内，信号处理电路外置于金属外壳底座上，陀螺结构剖面图如图9.1所示。

外壳由外壳底座 1 和外壳盖 3 组成，外壳底座上烧结两排绝缘子引线柱 9，每排有 7 根，另外还有一根接地引线柱，外壳底座和外壳盖之间用胶黏结。"三明治"敏感元件 2 被金属外壳底座和外壳盖封于其内。外壳盖中间有一小孔，用于抽气充氮，最后用金属圆片 7 焊封。"三明治"敏感元

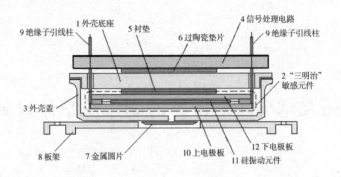

图 9.1　陀螺结构剖面图

件由上电极板 10、硅振动元件 11 和下电极板 12 组成,它们之间用胶黏结。陀螺外壳和板架 8 用胶黏结,通过板架 8 把陀螺安装固定在载体上。

　　信号处理电路 4 通过外壳底座上的绝缘子引线柱 9 拾取敏感元件的电信号,在信号处理电路和外壳底座之间通过陶瓷垫片 6 把它们黏结在一起,同时起到使它们绝缘的作用。

　　陀螺外壳底座实物如图 9.2 所示,陀螺外壳盖实物如图 9.3 所示,陀螺板架实物如图 9.4 所示,信号处理电路实物如图 9.5 所示。

图 9.2　陀螺外壳底座实物图

图 9.3　陀螺外壳盖实物图

图 9.4 陀螺板架实物图

图 9.5 信号处理电路实物图

陀螺敏感元件被封装在金属壳体内，它提取的敏感信号通过外壳底座引线柱引出，外壳底座的引线柱插入信号处理电路板，其引线接法如图 9.6 所示。

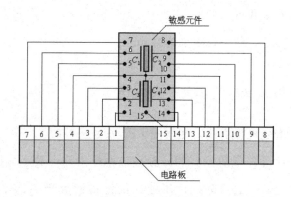

图 9.6 电路接线图

9.2 陶瓷极板的制作

陀螺的敏感元件由上极板、下极板和中间的硅振动元件构成"三明治"结构。硅振动元件的制作工艺在第七章已介绍过,现在介绍上下极板的制作和电极蒸镀。

为了保证"三明治"结构对温度的稳定性,必须挑选膨胀系数和单晶硅材料膨胀系数（2.6×10^{-6} /℃）相近的材料作为极板材料,7740$^{\#}$玻璃和硅的膨胀系数很接近,但是由于玻璃在外形结构加工方面难度大,所以本书选择 75 号陶瓷（主要成分为氧化铝）用来制作上下极板。陶瓷在外形加工上可以很方便地满足要求,75 号陶瓷的膨胀系数和硅的膨胀系数也较接近。

9.2.1 极板单元的制作

用于制作极板单元的陶瓷基片为 48 mm×60 mm,其厚度为 0.5 mm,利用激光切割机可以对陶瓷基片进行切割,陶瓷极板单元切割图如图 9.7所示,一块陶瓷基片可以切割出六个陶瓷极板单元,每个陶瓷极板单元的尺寸如图 9.8 所示,图中长度单位为 mm。

9.2.2 陶瓷电极单元开引线沟槽

为了引出陶瓷电极引线,在陶瓷上开深度为 0.010 mm 的浅槽,所开槽区如图 9.8 涂黑区域所示。用砂轮轻轻摩擦陶瓷,放于显微镜下观察,直到深度大约为 0.010 mm,再用细砂纸把槽面处理平滑,用酒精擦洗干净。

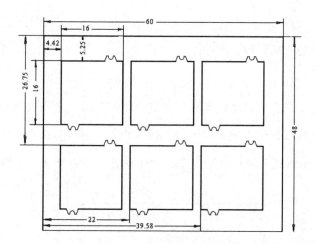

图 9.7　用激光切割陶瓷基片尺寸图

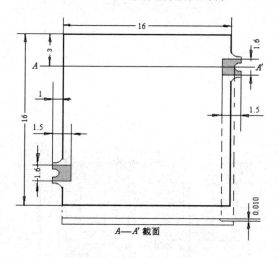

图 9.8　电极极板开槽尺寸图

9.2.3　掩膜镂花版

在蒸发电极时，利用掩膜蒸镀镂花版进行蒸镀，镂花版设计图纸如图 9.9 所示。图 9.9（a）为背板，图 9.9（b）为框架板，图 9.9（c）为掩膜板，图 9.9（d）为陶瓷极板掩膜单元尺寸。在镂花版中安装陶瓷极板的过程如下：

（1）把镂花版背板平放在干净的工作台上，镂花版框架板置于夹具背板上面；

（2）把陶瓷极板放于框架板内，框中同时可放 6 个陶瓷极板；

（3）掩膜板置于框架板的上面，掩膜板外露部分是镀电极区；

（4）用螺丝把三块板固定起来，其中陶瓷极板被夹在上下两板的中间。

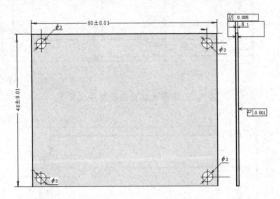

（a）背板

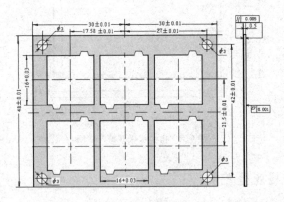

（b）框架板

图 9.9　镂花版设计图纸

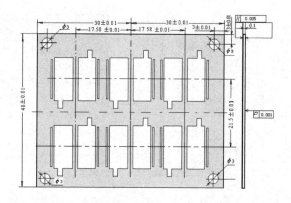

（c）掩膜板

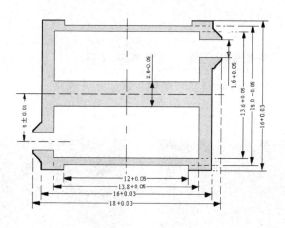

（d）陶瓷极板掩膜单元尺寸

图 9.9 镂花版设计图纸（续）

图 9.10（a）所示为陶瓷极板背面掩膜板，图 9.10（b）所示为陶瓷极板背面掩膜单元尺寸。蒸镀陶瓷极板的背面电极，只将掩膜板换为图 9.10所示的版图即可，安装过程同上。

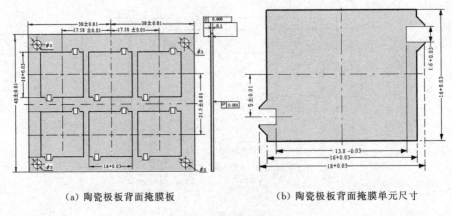

　　（a）陶瓷极板背面掩膜板　　　　　　　　　（b）陶瓷极板背面掩膜单元尺寸

图 9.10　陶瓷极板背面图

9.2.4　蒸镀电极

　　在开槽后的陶瓷极板上先蒸镀金属钛（Ti），再蒸镀金属铜，金属钛的黏附性能好，通过钛使铜层和陶瓷较好地结合起来。图 9.11 为镀铜后上极板的实物图。

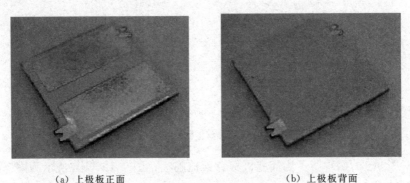

　　　（a）上极板正面　　　　　　　　　　　　（b）上极板背面

图 9.11　上极板实物图

　　下极板正面蒸镀的电极形状和上极板相同，在背面下极板不蒸镀电极。

　　为了便于将来在"三明治"敏感元件黏结以后引出引线，在上下电极的铜电极引线处涂焊锡，同时在硅振动元件的两端铜电极引线处也涂焊锡，如图 9.12 和图 9.13 所示。

另外，下极板的引线焊点向上，上极板的电极向下，为了把上极板电极引到背面的焊点上，用细铜丝把极板电极和背面电极焊接起来。

图 9.12 涂焊锡后的电极板实物图　　**图 9.13 涂焊锡后的硅振动元件实物图**

9.3 "三明治"敏感元件的黏结

敏感元件中硅振动元件和陶瓷极板用胶黏结，因此，黏结剂的性能变化将导致敏感元件性能的变化。鉴于黏结剂所起的特殊作用，它的性能必须满足要求，这对于减小黏结剂对陀螺性能的影响是很重要的。黏结剂应具有如下性能：

（1）刚化特性：黏结剂固化后，应具有较高的硬度，保证敏感元件黏结部件之间刚性连接；

（2）无蠕变：黏结剂固化后，在整个工作温度范围内无蠕变；

（3）不挥发：在 $-55 \sim 85℃$ 的温度范围内不发挥；

（4）无裂变：在 $-55 \sim 85℃$ 温度范围内，黏结剂无脆裂；

（5）剪切强度：黏结剂与陶瓷及硅片间应有较好的亲合性；

(6) 凝固时间：在室温下不凝固，加温时凝固。

9.3.1 胶的配制

准备一片 $\varphi 30$ mm 的塑料片，用酒精擦洗干净，置于工作台。用精密天平分别称量 SEDM-2 胶 2 g 和 L-20 胶 1 g，把称量好的胶放在清洗过的塑料片上，在室温下，充分搅拌 5 min 后待用。

9.3.2 黏结和固化

首先，设计加工黏结敏感元件所用夹具，如图 9.14 所示，待用。

在显微镜下，用酒精棉球轻轻擦洗硅振动元件和上下极板，然后在下电极板的边缘处均匀涂胶，涂胶的时候，应把胶涂在极板的外边缘处，不能把胶弄到里面。涂好胶的下极板放在夹具中。

依次在硅振动元件的外壳边缘和上下极板的边缘处涂胶，把下电极置于夹具中，硅振动元件置于夹具中下极板上，再把上极板放在硅振动元件上，轻轻调整相互位置之后，施以荷重，以促进"三明治"敏感元件的黏结。

把夹具连同"三明治"结构放入烘箱内，使烘箱升温至 80 ℃，并在此温下保持 4 h，便完成了"三明治"敏感元件的黏结。敏感元件在烘箱内烘烤，如图 9.15 所示。黏结完成的"三明治"敏感元件实物如图 9.16 所示。

图 9.14 夹具实物图　图 9.15 敏感元件在烘箱内的烘烤　图 9.16 "三明治"敏感元件实物图

9.4 敏感元件与外壳底座的黏结及电极引线的焊接

在敏感元件和外壳底座之间衬厚度为 0.35 mm、直径为 9.5 mm 的氧化铝陶瓷垫片，它们之间用胶黏结，如图 9.17 所示。具体操作如下：

首先，配制黏结用的胶。用天平称量 ED-20 胶 0.06 g，PO-300 胶 0.04 g，Al_2O_3 0.01 g，把前两种胶混合搅拌 5 min，之后再和 Al_2O_3 混合搅拌 5 min，待用。

把外壳底座、工作台面、圆形陶瓷垫片的两面和敏感元件用酒精棉球擦干净。在外壳底座和陶瓷垫片的一面均匀涂胶，把它们轻轻地贴在一起，并慢慢旋转挤压充分黏结，之后再在陶瓷垫片另一面和敏感元件清洗过的一个面涂胶，并把敏感元件放在陶瓷垫片上，加一定的荷重，放在烘箱内，在 60 ℃下持续 2.5 h。

敏感元件和外壳底座黏结起来后，要用细铜丝把敏感元件的电极引到外壳底座的绝缘子引线柱上，引线焊接方法如图 9.18 所示。在外壳底座引线柱的周围涂一层焊锡，把铜丝（80 μm）用焊油固定在"三明治"敏感元件的电极上，然后用烙铁沾一小点焊锡涂于焊油上将铜丝和电极焊在一

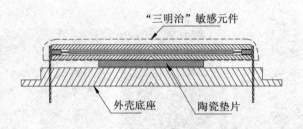

图 9.17　敏感元件和外壳底座的黏结

起，用镊子捏住铜丝的另一头贴在引线柱上，将焊油敷在铜丝和引线柱的接触处，再用焊锡把它们焊接起来，之后将铜丝缠绕引线柱一圈并焊接，多余的铜丝慢慢揉断。

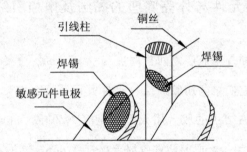

图 9.18　"三明治"敏感元件引线的焊接方法

全部引线焊接完成以后，对外壳底座引脚 4 与引脚 2、6 之间以及引脚 11 与引脚 9、13 之间的电容进行测试，测试结果分别为

$$C_{2-4} = 30.20 \text{ pF}, \ C_{4-6} = 31.2 \text{ pF}, \ C_{11-9} = 29.8 \text{ pF}, \ C_{11-13} = 30.6 \text{ pF}$$

根据测试结果判断，硅振动元件与上极板和下极板之间的间隙基本相同，它们之间的间隙为 $d = 25 \ \mu\text{m}$。

9.5　外壳底座与外壳盖的黏结

外壳底座和外壳盖之间的黏结，如图 9.19 所示，黏结所用胶和前面黏结敏感元件与外壳底座用胶相同。

在外壳底座和外壳盖的黏结处用酒精棉球擦干净，用玻璃杯罩起来，等待 10 min。在外壳底座和外壳盖的黏结处均匀涂一层胶，然后将它们对粘在一起，放在夹具中施以荷载，把夹具连同壳体一同放入烘箱内，在 60 ℃ 的温度下，保持 2.5 h。

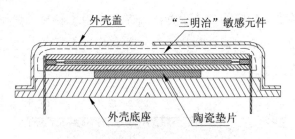

图 9.19　黏结后的陀螺敏感元件剖面图

9.6　外壳的封接

陀螺壳体的封接，如图 9.20 所示，外壳盖的中心有一直径为 0.5 mm 的圆孔，密封盖是直径为 4 mm、厚度为 0.2 mm 的金属圆片（90% 的铜合金），在圆孔的周围和密封盖的一面涂一薄层焊锡。

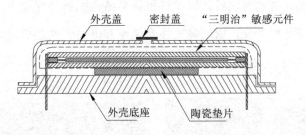

图 9.20　陀螺壳体封接

封接过程在氮气封接室内进行，如图 9.21 所示，氮气封接室包括 1 号室和 2 号室。首先打开 1 号门，把要封接的陀螺壳体和台座放入 1 号室，关闭 1 号门。对 1 号室抽真空，压强达到 0.1～0.2 mmHg（1 mmHg≈

133.3 Pa)，同时加热到 105～120 ℃，保持 3～3.5 h。陀螺壳体内的水分等杂质气体通过壳盖中心的圆孔抽出去。然后，慢慢给 1 号室通氮气（纯度为 2×10^{-5}），30 min 后，1 号室和 2 号室的气压达到平衡。打开 2 号门（2 号室内为氮气），把台座及陀螺壳体移到 2 号室，陀螺外壳的封接在此进行。

　　将双手伸进 2 号室的操作手套中，左手拿镊子轻轻压住陀螺外壳，右手拿烙铁，用烙铁头把盖片加热使其和外壳焊接在一起，之后再在盖片的边缘焊接，直到密封。

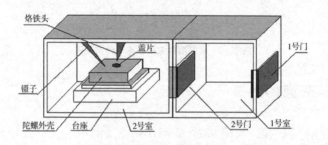

图 9.21　氮气室中封接陀螺外壳

　　陀螺敏感元件密封之后，用胶将板架黏结在陀螺外壳盖上，在陀螺外壳底座上黏结橡胶圆片，以便隔离外壳底座和电路。黏结后的陀螺敏感元件如图 9.22 所示，由敏感元件和电路组装起来的陀螺实体如图 9.23 所示。

图 9.22　陀螺外形实物图

图 9.23　陀螺外形实物图

本章小结

（1）制作了陀螺外壳和固定陀螺用板架。

（2）用激光切割机加工得到 16 mm×16 mm 的陶瓷极板，用微型砂轮磨出电极引线槽。

（3）加工蒸镀上、下极板电极所用镂花版，用制作的镂花版给陶瓷极板蒸镀铜层电极，用金属钛作为过渡层增强附着力，得到铜层电极。

（4）加工了黏结敏感元件所用夹具。

（5）配制在常温下不凝结的黏结剂，用它黏结敏感元件上、下极板和硅振动元件的边缘，连同黏结用夹具置于烘箱内烘烤，完成敏感元件的制作。

（6）在氮气室内抽气、充氮、锡焊封接，完成敏感元件的制作。

第十章　陀螺性能测试

本章我们对所研制的陀螺进行常温性能测试。在测试的时候，由于没有在一个轴的转速达到 25Hz 时，另一个轴的转速达 500 °/s 的两轴以上转台，所以没能对陀螺进行满量程测试，只在转台的转速范围内进行了测试。

10.1　陀螺常温性能的测试

测试在北京理工大学进行，所用转台为第六三五四研究所制造的3TD-320 型三轴电动转台，如图 10.1 所示。三轴转台的内环轴转速可达到 14 Hz，在测试中，用它模拟旋转载体的旋转角速度；转动中环轴使内环轴和外环轴垂直，并保持姿态不变；外环轴提供被测角速度，其转速可达 275 °/s。把陀螺放置在内环转台中心处，用胶黏结固定，如图 10.2 所示。将陀螺的电源供给线、信号输出线焊接到内环转台的引线座上，并将对应的连线从转台底部的引线端引出，电源线接稳压电源的输入端，陀螺信号输出线接入示波器和电压表。

图 10.1　3TD-320 型三轴电动转台

图 10.2　陀螺安装在内环轴转台上

10.1.1　陀螺测试数据

在不同的内环轴转速情况下，改变外环轴的转速，同时记录陀螺相应的输出电压，测试数据见表 10.1。

表 10.1　在不同旋转角速率 $\dot{\varphi}$ 的情况下，输出电压 U 与被测角速度 Ω 的关系

$\Omega/[(°)\cdot s^{-1}]$ / U/V / $\dot{\varphi}/Hz$	0	1	10	50	100	150	200	250	275
10	0.065	0.070	0.250	1.175	2.335	3.530	4.730	6.070	6.603
12	0.068	0.073	0.296	1.405	2.807	4.255	5.821	7.105	7.663
14	0.070	0.077	0.340	1.635	3.282	4.970	6.690	8.013	8.57

由于不可能对 $\dot{\varphi}$ 在所有值的情况都进行零位漂移测试，这里只对 $\dot{\varphi}=12\text{Hz}$ 时，进行零位漂移测试，测试数据见表 10.2。

表 10.2　$\dot{\varphi}=12$ Hz 时，陀螺零位漂移测试数据（测试 20 min）

连续测试时间 t/min	0	5	10	15	20
零位输出电压/V	0.068	0.069	0.067	0.068	0.068

10.1.2　陀螺的线性输出–输入特性

对表 10.1 中的测试数据通过最小二乘法进行线性化运算，线性拟合直线的形式为

$$y = Kx + B$$

式中：K 为比例系数；B 为拟合直线的截距。

通过线性拟合运算，得到 $\dot{\varphi} = 10\ \text{Hz}$、$12\ \text{Hz}$、$14\ \text{Hz}$ 时的三条直线，如图 10.2 所示。

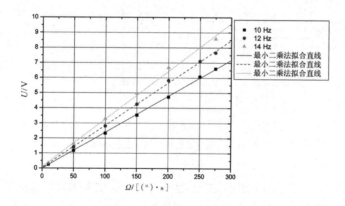

图 10.2　陀螺线性输出–输入特性

$\dot{\varphi} = 10\ \text{Hz}$ 时，比例系数 $K = 23.96\ \text{mV}/\left[(°) \cdot \text{s}^{-1}\right]$，线性相关系数 $R = 0.99975$，非线性度为 1.2%FS。

$\dot{\varphi} = 12\ \text{Hz}$ 时，比例系数 $K = 28.16\ \text{mV}/\left[(°) \cdot \text{s}^{-1}\right]$，线性相关系数 $R = 0.99966$，非线性度为 2.4%FS。

$\dot{\varphi} = 14\ \text{Hz}$ 时，比例系数 $K = 31.69\ \text{mV}/\left[(°) \cdot \text{s}^{-1}\right]$，线性相关系数 $R = 0.99908$，非线性度为 4.1%FS。

10.1.3 陀螺输出电压随 $\dot{\varphi}$ 的变化特性

从实验数据可以看出，输出电压不仅和被测角速度 Ω 有关，和载体旋转角速度 $\dot{\varphi}$ 也有关，在 $\Omega = 50 \ °/s$，$150 \ °/s$，$250 \ °/s$ 时，输出电压 U 随 $\dot{\varphi}$ 的线性变化曲线如图 10.3 所示。

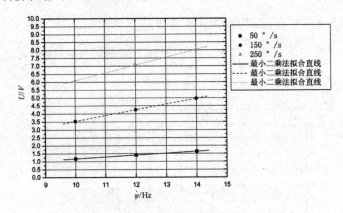

图 10.3 陀螺输出电压随 $\dot{\varphi}$ 变化曲线

$\Omega = 50 \ °/s$ 时，比例系数为 115 mV/Hz，线性相关系数 $R = 0.99975$；

$\Omega = 150 \ °/s$ 时，比例系数为 360 mV/Hz，线性相关系数 $R = 0.99966$；

$\Omega = 250 \ °/s$ 时，比例系数为 485.75 mV/Hz，线性相关系数 $R = 0.99908$。

10.1.4 陀螺零位输出电压和零位漂移

对表 10.2 中的测试数据通过最小二乘法进行线性化运算，其线性化结果如图 10.4 所示。由线性化结果得到，在 $\dot{\varphi} = 12$ Hz 时，陀螺零位输出电压为 0.0682 V，零位输出电压随时间的漂移率为 -2×10^{-5} mV /min，在 20 min 内陀螺零位的最大漂移为 0.04 °/s。

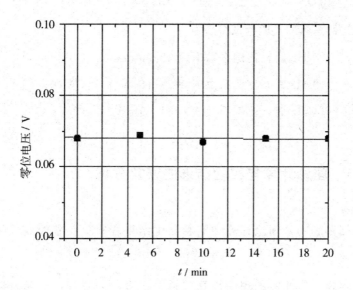

图 10.4　$\dot{\varphi} = 12\ \text{Hz}$ 时，陀螺零位输出电压与时间 t 的关系

10.2　理论计算与实验结果比较

由第五章式（5.10）计算 $\dot{\varphi} = 10\ \text{Hz}$、$12\ \text{Hz}$、$14\ \text{Hz}$ 时，陀螺敏感元件的灵敏度分别为

$$k_{\text{sense}}\ (10\ \text{Hz}) = 5.904 \times 10^{-4}\ \text{V/} \left[\ (°)\ \cdot\ \text{s}^{-1}\right]$$

$$k_{\text{sense}}\ (12\ \text{Hz}) = 7.067 \times 10^{-4}\ \text{V/} \left[\ (°)\ \cdot\ \text{s}^{-1}\right]$$

$$k_{\text{sense}}\ (14\ \text{Hz}) = 8.2312 \times 10^{-4}\ \text{V/} \left[\ (°)\ \cdot\ \text{s}^{-1}\right]$$

在第七章已得到，电路的放大系数为 47，所以，当 $\dot{\varphi} = 10\ \text{Hz}$、$12\ \text{Hz}$、$14\ \text{Hz}$时，陀螺的比例系数分别为

$$k\ (10\ \text{Hz}) = 47\ k_{\text{sense}}\ (10\ \text{Hz}) = 27.74\ \text{mV/} \left[\ (°)\ \cdot\ \text{s}^{-1}\right]$$

$$k\ (12\ \text{Hz}) = 47\ k_{\text{sense}}\ (12\ \text{Hz}) = 33.21\ \text{mV/} \left[\ (°)\ \cdot\ \text{s}^{-1}\right]$$

$$k \, (14 \text{ Hz}) = 47 \, k_{\text{sense}} \, (14 \text{ Hz}) = 38.68 \text{ mV/} \left[(°) \cdot s^{-1} \right]$$

陀螺比例系数的实验测试结果为

$$\dot{\varphi} = 10 \text{ Hz 时，比例系数 } K = 23.96 \text{ mV/} \left[(°) \cdot s^{-1} \right]$$

$$\dot{\varphi} = 12 \text{ Hz 时，比例系数 } K = 28.16 \text{ mV/} \left[(°) \cdot s^{-1} \right]$$

$$\dot{\varphi} = 14 \text{ Hz 时，比例系数 } K = 31.69 \text{ mV/} \left[(°) \cdot s^{-1} \right]$$

10.3　理论计算与实验结果的误差分析

测试结果表明，理论计算和实验测试结果之间存在着误差。误差来源有：

（1）陀螺整体性能的理论计算包括了很多中间过程，如动力学参数 D、K_T 的推导和计算，摆角 α 与被测角速度 Ω 的关系推导计算，敏感电容 C 与摆角 α 的关系推导计算，电桥输出电压 U_0 与敏感电容 C 的关系推导计算，以及电路放大倍数的推导计算等。在推导和计算过程中，不同程度地进行了简化处理，它们的计算结果与实际值之间都可能存在误差，这些误差累计起来，就产生了陀螺理论计算和实验结果的整体误差。

（2）代入算式进行计算的硅弹性梁结构尺寸的数值与实际值之间有误差，代入算式进行计算的极板间隙的数值和实际值之间也有误差。

下面具体分析由于弹性梁厚度和极板间隙的理论计算值与实际值之间的误差而产生陀螺比例系数的误差。

10.3.1　弹性梁厚度误差引起陀螺比例系数的误差

利用式（4.31），如果弹性梁厚度的理论计算值和实际值之间的误差为 Δh，则弹性梁扭转刚度的误差为

$$dK_T = \frac{dK_T}{dh}\Delta h = \frac{2Gh^2}{\frac{2(2R+\delta)}{\sqrt{\delta(2R+\delta)}}\arctan\left(\sqrt{1+\frac{4R}{\delta}}\right)-\frac{\pi}{2}}\Delta h \quad (10.1)$$

在腐蚀硅振动元件的实际工艺中，厚度为 375 μm 的硅片经过五次腐蚀，得到弹性梁的厚度为 52 μm，每个面会产生大约 2 μm 的误差，由于双面腐蚀，弹性梁两个面共产生的厚度误差可达 4 μm。

把硅振动元件结构参数和弹性梁的厚度误差代入式（10.1）中，可得扭转刚度 K_T 的误差为

$$dK_T = \frac{dK_T}{dh}\Delta h = 1.98 \times 10^{-4} \text{ N} \cdot \text{m/rad}$$

利用式（3.37）可以计算由于扭转刚度 K_T 的变化引起陀螺比例系数的误差为

$$\left(\frac{\Delta U_m}{U_m}\right)_{K_T} = -\frac{\Delta K_T}{K_T} = -8\% \quad (10.2)$$

10.3.2　阻尼系数 D 的误差引起陀螺比例系数的误差

由于用于计算阻尼系数 D 的极板间隙 d 的不准确，引起阻尼系数 D 的理论计算值与实际值之间产生误差。在理论计算时，极板间隙按 $d = 25$ μm 代入进行计算，如果用以代入计算的理论值和实际值的误差为 $\Delta d = 5$ μm（在实际黏结工艺中，极板间隙会产生大约 5 μm 的间隙误差），由式（4.49）计算可得 d 不同时的三条"阻尼系数 D-摆角 α"关系曲线，如图 10.5 所示。

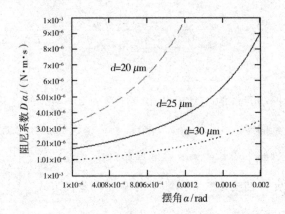

图 10.5 "阻尼系数 D —摆角 α" 关系曲线

在图 10.5 中，当 $\alpha = 0.001$ rad 时，5 μm 的间隙误差引起阻尼系数 D 最大误差为 $\Delta D = 3.35 \times 10^{-6}$ N·m·s/rad。利用式（3.37），阻尼系数 D 的误差引起陀螺输出信号比例系数的误差为

$$\frac{\Delta U_{\mathrm{m}}}{U_{\mathrm{m}}} = -\frac{D^2 \dot{\varphi}^2}{K_{\mathrm{T}}^2} \frac{\Delta D}{D} \tag{10.3}$$

把参数 $D = 3.4 \times 10^{-6}$ N·m·s，$K_{\mathrm{T}} = 2.476\,58 \times 10^{-3}$ N·m，$\dot{\varphi} = 12$Hz 和 $\Delta D = 3.35 \times 10^{-6}$ N·m·s/rad 代入式（10.3），计算可得

$$\left(\frac{\Delta U_{\mathrm{m}}}{U_{\mathrm{m}}}\right)_D = -\frac{D^2 \dot{\varphi}^2}{K_{\mathrm{T}}^2} \frac{\Delta D}{D} = -2.41\% \tag{10.4}$$

10.3.3 敏感电容的误差引起陀螺比例系数的误差

由于用于计算敏感电容的极板间隙 d 的不准确，引起敏感电容产生误差，进而在电桥两臂产生输出电压误差。

利用式（3.37），并把 $d = 25$ μm 和 $d + \Delta d = 30$ μm 分别代入式（5.3）、式（5.4）和式（5.8）中，经过计算得到由于极板间隙的误差引

起敏感电容变化，从而引起陀螺比例系数产生的误差为

$$\left(\frac{\Delta U_{\mathrm{m}}}{U_{\mathrm{m}}}\right)_{K_{\mathrm{e}}} = \frac{\Delta K_{\mathrm{e}}}{K_{\mathrm{e}}} = -3\%$$

以上分析的陀螺比例系数的误差总和为

$$\frac{\Delta U_{\mathrm{m}}}{U_{\mathrm{m}}} = \left(\frac{\Delta U_{\mathrm{m}}}{U_{\mathrm{m}}}\right)_{K_{\mathrm{T}}} + \left(\frac{\Delta U_{\mathrm{m}}}{U_{\mathrm{m}}}\right)_{D} + \left(\frac{\Delta U_{\mathrm{m}}}{U_{\mathrm{m}}}\right)_{K_{\mathrm{e}}} = -13.41\%$$

实际上，除了以上分析的误差之外，制作敏感元件的过程中，工艺上一些目前认为不确定的误差也是陀螺比例系数的误差来源。在加工敏感元件的工艺中，本书第一次封装了四个陀螺，本章测试的这个陀螺是性能最好的一个，其他三个陀螺，有一个测不出性能，另外两个陀螺输出信号很弱。后来本书又封装了四个陀螺，结果只有一个陀螺性能可以，但陀螺比例系数的实测值与理论计算值也相差较大，其他三个性能很差。这说明，陀螺性能受工艺影响较大，陀螺输出信号比例系数的误差很大部分来源于工艺误差。

本章小结

（1）对制作的旋转驱动陀螺样机进行常温性能测试，测试得到陀螺的比例系数为

$\dot{\varphi}=10$ Hz 时，比例系数 $K=23.96$ mV/$[$ (°) $\cdot$ s$^{-1}]$

$\dot{\varphi}=12$ Hz 时，比例系数 $K=28.16$ mV/$[$ (°) $\cdot$ s$^{-1}]$

$\dot{\varphi}=14$ Hz 时，比例系数 $K=31.69$ mV/$[$ (°) $\cdot$ s$^{-1}]$

（2）测试结果表明，陀螺输出信号的大小除了和被测角速度 Ω 有关外，和载体旋转角速率 $\dot{\varphi}$ 也有关。在不同的 $\dot{\varphi}$ 情况下，陀螺输出信号的比例系数不同，$\dot{\varphi}$ 越大比例系数越大。

（3）对比了陀螺比例系数的理论计算和实际测试结果，分析了误差来源。

参考文献

［1］ Peterson K E. Silicon as a mechanical materials ［J］. Proc. IEEE，1982，70 （5）：420-457.

［2］ Gardner J W. Microsensors，MEMS，and Smart Devices ［M］. John Wiley & Sons Ltd. 2001.

［3］ Fan L S，Tai YC，minller RS. Pin joints，gears，springs，cranks，and other novel micromechanical structures ［M］. Tech. Digest，Transducer，1987.

［4］ Kuehnel W，Sherman S. A surface micromachined silicon accelerometer with on-chip detection circuitry ［J］. Sensors and Actuators A Physical，1994，45 （1）：7-16.

［5］ Lutz M，Marek J，Maihofer B，et al. A precision yaw rate sensor in silicon micromachining ［J］. Tech. Digest. Transducers，1997.

［6］ CUI，Zheng. Overview of worldwide MEMS industry and market ［J］. 微纳电子技术 ［J］，2003，000 （008）：1-4.

［7］ MOUNIER E. An overview of the MEMS industry worldwide ［A］. The international Seminar on Standardisation for Microsystems ［C］. Barcelona，February 24-26，2003.

［8］ MEMS Industry Group Report. Focus on Fabrication ［R］. February，2003.

［9］ Hsieh L H. MEMS/MST network in Taiwan ［A］. NEXUS USC workshop ［C］. Hanover，April，2003.

［10］ 阮爱武，冯培德，郭秀中. 硅微机械陀螺的新进展及其方案分析 ［J］. 中国惯性技术学报 . 1998 （2）：67-72.

［11］ Li Z，Yang Z，Xiao Z，et al. A bulk micromachined vibratory lateral gyroscope fabricated with wafer bonding and deep trench etching，Sensors and Actuators A，Physical，2000 （1-3）：24-29.

［12］ Maenaka K，Shiozawa T，A study of silicon angular rate sensors using anisotropic etching echnology〔J〕. Sensors and Actuators A Physical，1993，43（1-3）：72-77.

〔13〕Maenaka K，Fujita T，Konishi T，et al，Analysis of a highly sensitive silicon gyroscope with cantilever beam as vibrating mass，Sensors and Actuators A Physical，1996，54（1-3）：568-573.

〔14〕Ash M E. Draper 实验室微机械惯性敏感器的研制情况及近期测试结果〔J〕. 惯导与仪表，2000（2）：15-19.

〔15〕马薇，李世玮，虞吉林. 以 PZT 薄膜为驱动和传感的微型陀螺研制〔J〕. 压电与声光. 2001，23（2）：6-10.

〔16〕Tang W，Lim M，howe R. Electrostatically Balanced Comb Drive for Controlled Leviation〔J〕. Proceedings of IEEE Solid-State and Actuator Workshop，June 1990，23-27.

〔17〕Weinberg M，Bernstein J，Cho S，et al. A Micromachined Comb-Drive Tuning Fork Rate Gyroscope〔J〕. Proceedings of 49th Annual Meeting，Institute of Navigation，1993，595-601.

〔18〕Bernste J，Cho S，King A，et al. A Mcromachined Comb-DriveTudng Fork Rate Gyroscope〔J〕. Digest IEEE /ASME Micro-Electro-Mechanical Systems Workshop（MEMS'93），Fort Landerdale，FL，Feb. 1993，143-148.

〔19〕Weinberg M，Bemstein J，Cho S，et al. Mcromechanical Tuning Fork Gyroscope Test Results〔J〕. AIAA Guidance，Navigation，and Control Coference，Scottsdale，AZ，Aug. 1994，1298-1303.

〔20〕Tanaka K，Mochida Y，Sugimoto M，et al. A micromachined vibrating gyroscope〔J〕. sensors and actuators A 50. 1995，111-115.

〔21〕Mochida Y，Tamura M，Ohwada K. A micromachined vibrating rate gyroscope with independent beams for the drive and detection modes〔J〕. Sensors and Actuators 80. 2000，170-178.

〔22〕Tsuchiya T，Kageyama Y，Funabashi H，et al. Vibrating gyroscope consisting of three layers of polysilicon thin films〔J〕. Sensors and Actuators 82. 2000，114-119.

〔23〕Mizuno J，Nottmeyer K，Cabuz C，et al. Fabrication and characterization of a silicon capacitive structure for simultaneous detection of acceleration and angular rate〔J〕. The 8th international conference on solid-state Sensors and Actuators，and Eurosensors IX. Stockholm，Sweden，June 25-29，1995.

［24］Hudek P，Rangelow I W，Kostic I，et al. Chemically Amplified Deep UV Resists for Micromachining Using Electron Beam Lithograghy and Dry Etching［J］. Sensors and Materials，Vol. 10，No. 4. 1998，219-227.

［25］毛刚，顾启泰，刘学斌. 微型惯性测量组合发展综述［J］. 导航，1999（2）：8-12.

［26］朱玲 译，惯性导航—40 年的发展［J］.《舰船导航》2000（5）：15-21.

［27］曹宁生，孙肇荣. 角共振、线共振的频率关系与惯测体的防冲隔振设计［J］. 惯导与仪表 2000（4）：15-19.

［28］饱敏杭. 微机械陀螺进展［J］. 世界产品与技术/ECN. 2000 年 10 月. 20 期，20-22.

［29］苏岩，周百令，王寿荣. 微机械角速度陀螺信号分析与处理［J］.《测控技术》，200019（6）：22-23.

［30］Deyst J，Elwell J，Womble E，A Revolution in Advanced Guidance System Is Coming［J］. AerospaceAmerican，Oct. 1990，16-19.

［31］Boxenhorn B，Greiff P. A Vibratory Micromechanical Gyroscope［J］. AIAA Guidance，Navigation，and Control Conference，Minneapolis，Minn，Aug. 1988，1033-1040.

［32］Elwell J，Progress on Micromechanical Inertial Instruments［J］. AIAA Guidance，Navigation，and Control Conference，New Orleans，LA，Aug. 1991，1482-1485.

［33］Greiff P，Boxenhorn B，King T，et al. Silicon Monolithic Micromechanical Gyroscope［J］. Digest of Technical Papers，International Conference on Solid-state Sensors and Actuators（Transducers'91），June 1991，966-968.

［34］Elwell J，Micromechanical Inertial Sensors for Commercial and Military Applications［J］. Proceedings of 49th Annual Meeting of the Institute of Navigation，1993，381-386.

［35］Greiff P. Semiconductor Chip Gyroscope Transducer［J］. US Patent，5，016，072，1991.

［36］Greiff P，Boxenhorn B. Micromechanical Gyroscopic Transducer with Improved Drive and Sense Capabilities［J］. US Patent，5，408，877，April 1995.

［37］Bernstein J，Weinberg M. Comb Drive Micromechanical Tuning Fork Gyro US

Patent [J] . 5, 349, 855, 1994.

[38] Geiger W, Folkmer B, Sandmaier H, et al. New Desigens, Readout Concept and Simulation Approach of Micromachined Rate Gyroscopes [J] . 惯导与仪表, 1999. No. 3, 1-5.

[39] Jaffe R, Heiertz J, Ventresco S, Testability of Mcromachined Silicon Rate Sensors [J] . AIAA Guidance, Navigation and Control Conference, New Orleans, LA, Aug. 1997, 491-500.

[40] Kourepenis A, Boxenstein J, ComeIIy J, et al. Performance of Small, Low Cost Rate Sensors for Military and Commercial AppIications [J] . AIAA Guidance, Navigation, and Control Conference, New Orleans, LA, Aug. 1997, 501-509.

[41] Barbour N, Connelly J, Gilmore J, et al. Micromechanical Silicon Instruments and Systems Development at Draper Laboratory [J] . AIAA Guidance , Navigation, and Control Conference, San Diego, CA, July l996, 1-7.

[42] Ko W, The Future of Sensor and Actuator System [J] . Sensors and Actuators, A56, 1996, 193-197.

[43] Geiger W, Merz J, Fischer T, et al. The silicon angular rate sensor system DAVED [J] . Sensors and Actuators 84. 2000, 280-284.

[44] Lutz M, Golderer W, Gerstenmeier J, et al. A precision yaw rate sensor in silicon micromaching. 1997. International Conference on Solid-State Sensors and Actuators (Transducers'97), Chicago, USA, June 16-29, 1997, 847-850.

[45] Kawai H, Atsuchi K, et al. High-resolution microgyroscope using Vibratory motion adjustment technology [J] . Sensors and Actuators A, 90. 2001, 153-159.

[46] Putty M, Najafi K, A Micromachined Vibrating Ring Gyroscope [J] . Technical Digest, Solid-State Sensor and Actuator Workshop , Hilton Head, SC, June l994, 213-220.

[47] Johnson J, Zarabadi S, Sparks D. Surface Micromachined AnguIar Rate Sensor [J] . Sensors and Actuators, Proceedings of International Congress and Exposition, 1995, 77-83.

[48] Sparks D. Electroformed Micromachineds for Automtive Application [J] . MST News, May/June 1997, 4-5.

［49］Kuisma H，Ryhanen T，Lhdenpara J，et al. A bulk micromachined silicon angular rate sensor ［J］.1997 International Conference on Solid-State Sensors and Actuators（Transducers'97），Chicago，USA，June 16-29，1997，875-878.

［50］Howe R T，Resonant microsensors，Tech. Digest，4th int. Conf. Solid-State Sensors and Actuators，（Transducers'87），Tokyo，Japan，June 2-5，1987，843-848.

［51］Che L，Xiong B，Wang Y. Journal of Micromechanics and Microengineering ［J］. J. Micromech. microeng. 13. 2003，65-71.

［52］Chang S，Chia M，Castillo-Borelley P，et al. An electroformed CMOS integrated angular rate sensor ［J］. Sensors and Actuators，A66，1998，138-143.

［53］Greenwood J C，Etched Silicon Vibration Sensors ［J］. J. Phys. E: Sci，Instrum. ，17，1984，650-652.

［54］Nathanson H C，Newell W E，Wickstrom R A，et al. The resonant gate transistor ［J］. IEEE Trans. Electron Devices，ED-14，1987，117-133.

［55］Paoletti F，Gretillat M A，de Rooij N F. A silicon micromachined vibrating gyroscope with piezoresistive detection and electromagnetic excitation ［J］. Proc. IEEE MEMS'96，San Diego，CA，USA，162-167.

［56］Lutz M，Golderer W，Gerstenmeier J，et al. A precision yaw rate sensor in silicon micromaching. 1997 International Conference on Solid-State Sensors and Actuators（Transducers'97），Chicago，USA，June 16-29，1997，847-850.

［57］Ikeda K，Kuwayama H，Kobayashi T，et al. Silicon pressure sensor with resonant strain gauges built into diaphragm ［J］. Tech. Digest，7th Sensor Symp. ，Tokyo，Japan，May 30-31，1988，55-58.

［58］Voss R，Bauer K，Ficker W，et al. Silicon angular rate sensors for automotive applications with piezoelectric drive and piezoresistive read-out. 1997 International Conference on Solid-State Sensors and Actuators（Transducers'97），Chicago，USA，June 16-29，1997，879-882.

［59］Smits J G，Tilmans H A C，Lammerink T S J. Pressure dependence of resonant diaphragmpressure sensors，Tech. Digest，3nd Int. Conf. Solid-State Sensors and ctuators，（Transducers'85），Philadelphia，PA，USA，June 11-14，1985，93-96.

［60］Kuisma H，Ryhanen T，Lhdenpara J，et al. A bulk micromachined silicon angular rate sensor. 1997 International Conference on Solid-State Sensors and Actuators

(Transducers'97)，Chicago，USA，June 16-29，1997，875-878.

[61] Anersson G I，Hedenstierna N，Svensson P，et al. A novel silicon bulk gyro-scope. 1999 International Conference on Solid-State Sensors and Actuators（Transducers' 99），Sendai，Japan，June 7-10，1999，902-905.

[62] Weinberg M，Bernstein J，Borenstein J，et al. Micromachining inertial instru-ments ［J］. SPIE，Vol. 2879，1996，26-36.

[63] Soderkvist J. Micromachined gyroscope. Sensors and Actuators，A43，1994，65-71.

[64] Li X，Bao M，Yang H，et al. A micromachined piezoresistive angular rate sensor with a composite beam structure ［J］. Sensors and Actuators，A72，1999，217-223.

[65] Benecke W，Heuberger A，Reithmuller W，et al. Optically excited mechanical vi-brations in micromachined silicon cantilever structure，Tech. Digest，4th Int. Conf. Solid-State Sensors and Actuators，（Transducers'87），Tokyo，Japan，June 2-5，1987，838-842.

[66] Petersen K E，Guarnieri C R，Young's modulus measurements of thin films u-sing micromechanics ［J］. J. Appl. Phys. ，50，1979，6761-6766.

[67] 刘延柱. 陀螺力学 ［M］. 北京：科学出版社. 1986.

[68] 蒋咏秋. 弹性力学基础 ［M］. 西安：陕西科学技术出版社，1984.

[69] 李昕欣. 硅多层微机械结构的无掩膜腐蚀技术和硅微机械振动式陀螺的研究 ［D］. 复旦大学，1997.

[70] 赵学端，廖其奠. 粘性流体力学 ［M］. 北京：机械工艺出版社，1983.

[71] Wang B L，Huang Z. A Novel Capacitance Measurement Circuit for Electrical Capacitance Tomography ［C］. In：Proceedings of 2nd World Congress on Industrial Process Tomography，Hannover，Germany，Aug，29-31，2001，580-585.

[72] Huang S M，Xie C G. Design of Sensor Electronics for Electrical Capacitance Tomography ［J］. IEE Proceeding-G，1992；139（1），83-88.

[73] Yang W Q. Advance in AC-based Capacitance Tomography System ［C］. In：Proceedings of 2nd World Congress on Industrial Process Tomography，Hannover，Ger-many，Aug，29-31，2001，557-564.

[74] Seidel H，Csepregi L，Heuberger A，et al. Anisotropic Etching of Crystalline Silicon in Alkaline Solution ［J］. I. Orientation dependence and behavior of passivation layers，J. Electrochem. Soc. ，Vol，137，No. 11，Nov. 1990，3612-3626.